偏執食堂

一個人的粗茶淡飯 2

米果——著

目錄

4 作者序：吃食和做菜，其實就是一個人的偏執

1／早餐&宵夜

10 早餐的意思
18 清晨路邊飯丸小攤開始的人生小故事
24 深夜的父親應酬剩菜

2／主餐

34 啟動天涼吃鍋的身體密碼
40 麵攤滷菜的情和義
47 文字燒大阪燒廣島燒還有我家的蚵仔煎
55 我以為的生日豬腳麵線
61 孤獨剛好的一蘭拉麵
67 到《鴨川食堂》找尋記憶滋味
75 小吃是用來博感情不是拚輸贏
83 一個人吃飯的孤獨美食戀情
89 故鄉他鄉．台鐵便當
95 突然想去家庭餐廳吃漢堡排
103 像南部粽那樣的吃食小偏執
110 做菜是厲害的能力
116 跟日本冷便當低調交往吧！

124 渴望一間療癒寂寞的深夜食堂
130 情熱荷爾蒙
137 熱炒海產攤之所以無法孤單的理由
144 餐桌是和解的原點，從橫山家到海街日記

3／小點&配菜

152 也是鄉愁格式的台南滷丸
158 很台很台的麵包
164 比起關東煮，我更愛黑輪伯仔
170 惣菜之人生攻擊模式
179 也想要倫子外婆的米糠醬菜甕
188 想起過年炊鹹粿
194 菱角與秋天的恆等式
202 請問有五月一日到期的鳳梨罐頭嗎？
209 餡餅與鋼琴的午後協奏曲

4／甜點&飲料

218 只用來招待客人的咖啡
225 冰淇淋汽水與夫婦善哉的昔日之味
233 甘蔗的大人味
239 學父親吃芒果的樣子
245 《新參者》之排隊鯛魚燒到底有沒有
255 剉冰才是猛夏的救贖
262 「吉田修一」筆下的罐裝飲料是寂寞的

吃食和做菜，其實就是一個人的偏執

很多年前，一位朋友去了我推薦的餐館之後，抱怨那根本不像我形容的那麼美味。當時我相當介意，那情緒後來結成痂，偶爾想起還覺得沮喪。往後不管吃食或料理烹調，也就鎖在自己小小的廚房裡，取悅自己就好，不想討好別人。沒想到經過許多年，對那件事情竟然釋懷了，如果再聽到類似的批評，說不定會有點得意，「啊，太棒了，果然只有我吃得出那樣的滋味」「不被理解也沒關係」……在內心出現類似這樣自得其樂的慶祝儀式。

寂寞恰好的孤僻，經過年紀和閱歷的酸甜調和之後，成就了百分比恰好的偏執。

因為在家工作的關係，所謂工作的空檔，其實就是各種家事的行進。譬如澆花、打掃、洗衣。而每日三餐的烹調料理，是最規律且療癒的歇息。悲傷沮喪的時候，大概會起身去拿麵粉出來做點小餅乾或小蛋糕，成功率不高，糖或水分的控制尤其錯亂，但是那過程慢慢就寫成激勵的字句。手作甜點就算失敗，只要捧著小盤子，安靜坐著，緩緩入口，品嘗出裡面的心事脈絡，就覺得好吃。一個人如果還有把自己餵飽的力氣，應該就有繼續快樂下去的本事。

每天準備餵飽自己的三餐，也是那樣的過程。打開冰箱，跟食材進行第一輪溝通，先考慮賞味期限，再為它們安排最好的烹調出路。然後是退冰、洗菜、汆燙、切塊切絲，還包括事先的入味。做菜必須等待的熟成，跟寫作必須停下來思考的空白，變成互相填補的時間伙伴。

這幾年大抵就是「一個人回家吃自己」的生活模式，就連烹煮過程的變心都可以拿偏執的理由出來緩頰，譬如備料過程一直想著熱火快炒，可是看著切好的食材，剎那間有了涼拌也不錯的念頭跑出來，隨即轉身取了麻油辣油梅子醋，還灑了一些砂糖，立刻成為涼拌菜的規格，把之前一心一念的熱炒想法拋諸腦後。能夠快速抉擇並執行到底，即使過程出了什麼差錯，想辦法解決就好。不就是一餐嘛，自己把菜吃完，半飽也沒關係，盡量不要剩菜，若有剩菜就想辦法隔餐吃完，隔夜就再加工變出另一盤菜色，否則吃膩了，會對食物愧疚，好像自己是什麼無情的人。

如果剛好閱讀了小說雜文，或看了某齣日劇某部電影，會特別想要把文中或劇中出現的菜色模擬一遍，認真去網路查詢烹調方法，或自己想像這樣那樣煮煮看應該沒問題。往後再做同一道菜的時候，會想起閱讀和觀影的片段，複習那些和文字影像邂逅的緣分，以料理作為約定的信物，那也是多情的偏執。

而外食的選擇，早就放棄追隨美食家的背書或網路評比，放任自己偏執地循著閱讀的章節或看劇的人物情節，多遠多偏僻都覺得山水相逢是很了不起的交情緣分。也有過去記憶裡曾經被溫情款待的那些街角小攤或已然消失的館子，或即使不算什麼山珍海味，一旦回想起來就從舌根回甘而來的深邃，那些都寫成覓食的圖鑑了。只要嘗到記憶相同的味道，就覺得未來的人生如果還可以跟這些滋味重逢，應該不至於太厭世吧！

沒想到《一個人的粗茶淡飯》有機會出版續集，如果我一個人獨嘗的滋味，大家也覺得好吃，那就太棒了！

1.

早餐 & 宵夜

早餐的意思

「對我來說，早餐就是power鍵。」

每隔一陣子，各地早餐的話題就會在網路論壇發燒起來，什麼地方吃什麼早餐？吃什麼配什麼？或哪家才是在地人最愛？哪家專作觀光客生意……「早餐本人」要是知道自己被當成鄉愁那樣緬懷，一定很欣慰。

我認識不少人是從來不吃早餐的，或接近中午才吃所謂的「早午餐」。來不及上班或上課的時候，也只能拎著紅白塑膠袋，找時間把通勤通學路上的早餐店買來的三明治、蛋餅、漢堡夾蛋、肉鬆土司……食之無味那般匆促咀嚼吞下，想辦法止住飢餓，不讓肚子空空的，畢竟肚子不裝點什麼，腦袋就容易放空，雖然要放空也不是太難，尤其一早的會議或早自習小考，原本就很催眠。

許多人歌頌台南早餐豐富多樣令人羨慕，或有人專程到台南只為了排隊吃一碗傳說中的鹹粥或牛肉湯，有些美食文章因此斬釘截鐵直說「台南人早餐都喝牛肉湯」或者「台南人早餐都吃小西腳那家鹹粥」，這種標題或結論經常讓我覺得納悶。

六都升級之後，過去的台南縣市界線看似消失了，但是舊有城內城外或縣市的吃食習慣還是有些出入，尤其是早餐。早年從事農業的長輩多數嚴厲叮囑家人不可食牛，我阿公在戰爭時期因為被徵召到台南「桶盤淺」一帶的機場工作，被美軍空襲砲彈打中，靠一頭牛拉著牛車將他送回村裡醫治，家裡對牛是感恩的，吃牛等同於背叛。我直到大學北上讀書才第一次嘗到牛肉麵，咬下第一口，內心其實充滿罪惡感，覺得對不起阿公。

台南人早餐吃牛肉湯這種說法，大概是近十年之內，因為台南小旅行變得熱門之後，才被點名做記號。我問過家裡長輩，他們多數沒有這記憶，可能我們家沒有跟溫體牛相關的地緣關係，直到現在，我也才吃過兩次牛肉湯，而且不在早餐時段，而是午餐。

不過這僅僅是我個人經驗，不代表所有台南人，說不定真的有人天天吃牛肉湯配肉燥飯當早餐，能持之以恒，那就厲害了。

我家的早餐菜色，通常是上班上學日吃西式早餐，牧場直送玻璃瓶鮮奶，一片烤過的土司，配荷包蛋外加肉片。小學三年級之前的土司是從東門城邊的「穩好麵包店」買來的，搬家之後則是跟衛國街口的「裕大麵包」買的。一大條土司，家裡六口人，兩天就吃完，如果自願在下課後跑腿去買土司，可另外特准買一個草莓果醬麵包、鹹蔥麵包或蛋皮波蘿當獎賞。

到了假日，如果不是吃白粥就是地瓜稀飯配醬菜或花生土豆麵筋跟大茂黑瓜，有時吃燒餅油條配豆漿，有時吃東門圓環邊的花生菜粽配豆醬湯。小時候有過拿瓷盤跑到東門路追醬菜車的經驗，那時很愛吃甜甜鹹鹹的「竹仔枝」，後來才知道那個叫豆皮。

有時候會去崇誨市場買涼麵，涼麵旁邊有間家庭式早餐店的沙拉醬跟漢堡肉都是自己做的，不是跟連鎖大盤供應商叫貨，市場有個蔥油餅攤子，甚至要排隊才吃得到。

直到淡水讀書那年，才在側門水源街一帶吃那種類似美而美的連鎖早餐店三明治漢堡配奶茶，但一早天氣冷，要鑽出被窩著實掙扎，我習慣前一天傍晚到「親親麵包店」買蛋糕土司，翌日醒來，就在寢室用熱水沖泡「好立克」或「阿華田」或「克寧奶粉」，有時拜託家裡有軍公教福利證的同學幫忙買「聖誕老人麥片」，一杯熱飲配蛋糕土司，很省錢。綠色罐裝「美祿」上市之後，寢室之間也流行過一陣子。

開始上班之後，早餐幾乎都在辦公大樓附近的路邊早餐車解決，可以選大腸麵線、廣東粥、台式飯糰、蛋餅、現烤培根肉鬆蛋土司，比較豪華的餐車還有炒米粉炒麵蘿蔔糕。那些餐車多數是夫妻經營，車上有瓦斯桶有熱鍋，貨車帆布棚掛著各種尺寸的免洗餐具容器和各種顏色的塑膠袋，依附辦公大樓成為熱鬧的衛星群，早餐時段結束之後，午餐的陽傘便當部隊緊接著集結。

超商開始賣熱食之後，我吃了好幾年的包子配伯朗罐裝咖啡。有一陣子，刻意早到，在公司附近的連鎖咖啡館吃早餐，有音樂、咖啡香氣，白色大瓷盤，以及盤中的煎蛋和三明治，外加生菜或薯條或小熱狗。咖啡可續杯，大多是很淡的美式，喝多也不心悸。那時還未有手機上網，只能看報紙雜誌或看書或發呆，很想那樣坐著就不要去上班，那已經是職場生涯很末期的倦怠心境了。

一個人離鄉之後，早餐就是自己跟自己的對話，不像以前在家，早餐的意思等於家人關係重新開機的步驟，倘若前晚有什麼不愉快，靠「不吃早餐就出門」這招即是表態，隱約的激怒卻又不敢囂張明示，那是很微妙的手段。至少在我家，母親一早起來張羅全家早餐，如果什麼都不吃就離開，大概是逼迫專業主婦動怒跟你拚命的意思了。

有時候我會把出門吃早餐當成儀式，在特別的日子，特別的心情之下，即使不是什麼高價昂貴或排隊名店，即使是自己一人坐在可以看到街景的速食店落地窗前，都覺得從容咀嚼是早餐最美好的元素。這麼回想起來，以前半夜起床看洋基王建民登板，如果是一場甜美勝投，天亮之後，也會刻意出門買一份早餐回來，當作慶功。

當然也有記憶加持的意思，譬如多年前的清早被學弟喚去吃了民生社區的老派燒餅油條，學弟頭頂就是有辦法配置那種特殊材質的嗅覺雷達，爾後他搬到萬芳醫院附近，也找到一家豆漿燒餅做得十分道地的早餐店，甚至他花蓮老家附近都有這種店門口幾口熱鍋不間斷料理著蔥餅燒餅捲餅蛋餅，廉價美味但店內始終油膩膩，這些早餐店不吃氣氛，反倒是紮實樸素口感讓人垂涎。

就算連鎖早餐店在幾波食安危機之中難免被砲彈傷到，但是離開台灣一段時間，多少會思念巷口街邊那些便利的早餐店，多樣到讓人賴床也還有出門提一袋早餐回來的動力。阿姨模樣的店員總是有辦法記得你的現烤土司要夾什麼，奶茶要冰的溫的熱的，尤其現在的小孩多數不愛吃家裡做的早餐，小小年紀站在早餐店櫃臺前，也不知道內建什麼特殊規格DNA，想吃什麼土司漢堡蛋餅或鐵板麵蘿蔔糕，飲料要少冰去冰什麼的，主意堅定，精明到嚇人。

早餐沒有那麼複雜，早餐是日常的一塊拼圖，我是那種沒吃早餐就無法開始一天的生物，對我來說，早餐就是power鍵。

清晨路邊飯丸小攤開始的人生小故事

「邊吃邊捏邊收口，幾乎是吃傳統飯丸的標準SOP。」

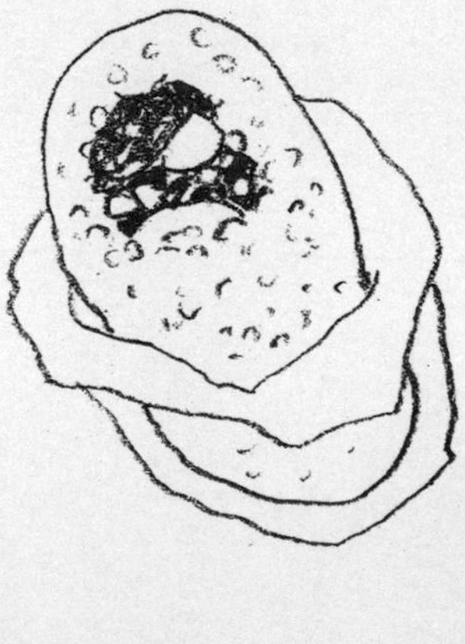

飯丸，台語發音，近似「本丸」，雖另有飯糰的說法，可是飯丸既有形體的類比又有主體的明示，與所謂超商的三角御飯糰，看似嫡親，卻像關係不深的遠房。

對於飯丸的個人記憶，似乎跟早起的清晨有關，尤其和清晨微涼的冷空氣，有著密不可分的嗅覺味覺和觸感連結。

小學有一段時間，值日生必須保管教室鑰匙，擔負清早開門的任務，那天必須早起，母親來不及準備早餐，直接給銅板，自己去買路邊飯丸。上學途中，馬路轉角，總會有一部小推車，一把遮陽傘，攤車小小工作檯，擺著大木桶，一位戴著斗笠，斗笠還纏著花布的阿嬸，或戴著某某宮廟進香團帽子的阿伯，天剛亮，就在那裡賣現點現作的飯丸。

那個年頭還沒有街頭巷尾高密度的早餐連鎖店和便利超商，吃三明治配咖啡的文青假掰公式還未成形，豆漿店才是主流，而飯丸小攤是擅長街頭游擊戰的靈活部隊，多數在路口，多數無招牌，只以厚紙板用粗大簽字筆寫著「飯丸」兩字，字體歪歪斜斜，在還沒有電腦輸出的年頭，手寫已算厲害。

攤子上的木桶掀開，冒出熱氣白霧，緩緩在清晨冷空氣裡擴散開來的糯米香氣，是早晨第一口吸入的幸福美好，肚子都餓了。

賣飯丸的阿嬸或阿伯拿一條雪白小方巾，外面套著透明塑膠袋，用飯杓舀出適量糯米，在小方巾的範圍內，用力將糯米飯壓平之後，放入一小截油條，少許鹹菜和菜脯，一到兩湯匙肉鬆，再用毛巾將飯丸用力捲起紮緊，飯丸呈現圓滾滾的可愛模樣，最後套入塑膠袋，開口處打個結，拿到手上時，仍溫熱，甚至燙手。

糯米易沾黏，攤子上的飯杓用過之後非得泡在水裡不可，原本捏飯糰也必須手沾水才行，想出小方巾外面套著透明塑膠袋拿來替飯丸塑型，真是個好點子，那時普遍未有塑化劑的疑慮，塑膠袋彷彿是百用神器。

捏到緊實的飯丸並沒有破壞糯米的韌性，越擠壓越緊實，一切都是因為糯米身為米界最硬頸的鐵漢人格使然。

第一口咬下飯丸，熱氣會從飯丸頭頂缺口冒出來，那缺口恰好可以看到肉鬆或油條的淡淡色澤，透過白色米粒的空隙，冒出頭來打招呼，如果第一口咬得夠深，還會滾下幾顆菜脯或鹹菜粒。邊吃邊捏邊收口，幾乎是吃傳統飯丸的標準SOP。

早期的路邊飯丸只有一種口味，肉鬆與油條是飯丸的靈魂與骨幹，鹹菜或菜脯提供適度的鹹，藉此勾引出糯米的甜。吃飯丸配米漿似乎最搭，但糯米容易飽氣，頂多半顆就撐，那就把剩下的半顆再收口捏成圓球狀，放涼，第二節下課當點心。有時也留到降旗典禮之後再吃，冷掉的飯丸，嚼感更紮實，入口當下以為無味，細細咀嚼之後，嘴裡唾液的溫度與濕度恰好溶解糯米的水氣，香味重新被喚起，一口可以嚼很久，嚼出感情來。

大學住淡水，水源街二段，在撞球店林立的墮落街上，有間豆漿店，賣很好吃的燒餅油條、蔥花蛋餅和饅頭包子，店門口也有個木桶，賣現作飯丸。平常上課日，會吃豆漿配燒餅油條或蛋餅，到了週日，換成米漿配飯丸，飯丸從早上吃到下午，成為糜爛假日不出門猶可溫飽的革命伙伴。

在公司行號上班那十幾年間，很喜歡清早上班前，逛那些大樓與大樓之間的餐車，買廣東粥或飯丸當早餐。不過那幾年不曉得是工作壓力或什麼情緒不順遂的因素，常有胃腸不開心的毛病，聽說糯米不易消化，飯丸也只能久久才吃一次，不過到了假日，即使睡晚了，還是會下樓走一段路找小攤子或豆漿店買飯丸配米漿，再加一份當時還健在的《民生報》，邊吃飯丸邊喝米漿邊看大滿版的體育消息跟娛樂新聞，一個上午就過了。這麼說來，我的飯丸記憶也曾經跟《民生報》產生過連結。

後來，超商的三角飯糰出現了，街頭巷尾的連鎖早餐店也來了，路旁那種現點現捏的雨傘飯丸攤子面臨前所未有的激戰，可以挺過競爭的飯丸高手，陸續推出口味多樣化的戰術，有養生概念的紫米，有柴魚口味，煎蛋口味，海苔口味，唯獨不變的是那個會冒出糯米香氣的木桶，還有小方巾裹著透明塑膠袋的捏飯丸「神器」。

超商三角飯糰固然時髦可愛，可是白米跟糯米畢竟分屬不同門派，即使冷藏貨架上也有圓柱狀的各種改良版的糯米飯糰，可是路旁雨傘小攤那種現點現捏、拿著燙手、冷掉也美味的飯丸，依然是心目中無可取代的天王首席，而且堅持要有肉鬆、有油條、有鹹菜或菜脯的古早味才行，畢竟，已經有甘苦與共的長年交情了啊！

深夜的父親應酬剩菜

「大家可都卯足勁，展現九局下半還吃得下一整桌剩菜的戰力。」

日本作家向田邦子在她的散文集《父親的道歉信》裡，寫到小時候經常在半夜被大人叫醒，往往是因為任職於保險公司的父親應酬夜歸，帶了剩菜回來。姊弟幾人睡眼惺忪，穿著睡衣，外頭再披件毛衣或鋪棉外掛來到客廳，看見喝醉而紅著臉的父親坐在餐桌前，發號施令，指定誰可以先選哪樣菜色，並用小碟子幫他們分配食物。

向田家的老爸帶回來的剩菜大概都是應酬晚宴時沒人動過的小菜冷盤，偶爾有連頭帶尾的鯛魚放在盤中央，周圍排列著魚板、甜糕、乾燒明蝦，甚至還有綠色的羊羹。

平常愛罵人的父親，雖然一身酒臭，可是像變了一個人似地招呼小孩吃宵夜，向田邦子形容那種感覺還真不錯。只是孩子們實在太睏了，邊吃邊打盹，母親跟祖母就在一旁求饒，讓孩子去睡吧！有一次父親又帶了應酬剩菜回來，母親怕孩子被叫醒，就以夏天吃剩菜恐怕會吃壞肚子為由，拒絕了父親的好意，沒想到父親發怒把剩菜扔到院子裡。隔天向田邦子醒來，發現院子地上有曬乾變黑的鮪魚生魚片，還有黏在草地和石頭上的煎蛋捲，早已沾滿蒼蠅。

讀到這段文字，我也想起小時候等待父親應酬帶回來的剩菜，只是我家老爸應酬不喝酒，帶回來的晚宴剩菜都很讓人期待，是童年美好的回憶。

父親在紡織廠工作，三十幾歲自己出來創業，有台北迪化街布商或染整廠客人來訪，或日本來的機械技師，他就得出馬招待晚宴。早期沒有電話，紡織廠宿舍有支可以連通事務所的內線機台，午間或晚間需要應酬，可以事先通知家裡。後來搬離宿舍，租屋在東門城邊時，除了那些提前說好的應酬之外，臨時有訪客，無法回家吃飯，也沒辦法靠電話聯繫，但母親多少在內心有個底，煮好飯，擺好碗筷，等到一定時間，沒聽到摩托車聲，大抵知道有應酬，就招呼孩子吃飯。而那頓晚餐，大家吃得心不在焉，開始想像，深夜的應酬剩菜，會有哪些好料。

如果是父親應酬的日子，我們就跟著晚睡，但父親也不是多晚回來，頂多過了九點就返家。他在商場熟識的朋友多數也不愛喝酒也不夜歸，那時沒有高鐵，一趟台南出差，起碼要在台南飯店住上一晚，客人用過晚餐，就返回飯店歇息了，父親在商場交情夠好的生意伙伴，大概都屬這一類。偶有一次聽說帶客人去「臨海大舞廳」跳舞，我們幾個小孩嘩一聲驚呼，當時並未注意到母親的臉色，恐怕也不是太好看。

父親選擇宴客的餐館，大概就是台南天公廟旁邊的阿霞飯店，中正路末廣町的小小大東園，靠近沙卡里巴巷弄裡的羊城油雞，還有金萬字書店後方的日本料理，以及台南運河附近一家名為「椿」的日本料理，也會去老店「千草」日本料理，偶爾去民權路上的阿美飯店，或就在台南飯店宴客。

如果預先知道父親當晚要應酬，母親就當放假，帶我們去吃外省麵，或吃山東大饅頭配空心菜湯，留了肚子，等晚上的宵夜。

寫完功課，看完八點檔，大概九點鐘開始三台聯播電視劇的前後，父親就拎著剩菜回家了。他還忙著脫西裝，我們就已經圍著餐桌開始鼓譟。最常出現的菜色是烤雞腿，不是小號雞腿，而是比小孩臉還要大的大號雞腿。雞皮烤到微焦，擠半顆檸檬淋上去，那滋味既有雞肉雞皮恰到好處的油脂均勻，又有清新沁涼的檸檬酸味，小孩搶成一團，還要勞動大人來排解。

常出現的還有大蝦，或烤，或清蒸沾哇沙米醬油。平常家裡偶爾吃蝦，但多數是小隻的沙蝦，除了喝喜酒的場合，應該就是深夜應酬剩菜才有機會跟大蝦碰面。

如果是在阿霞飯店請客，就會有紅蟳米糕，或有肉捲，偶爾有切片夾青蒜的烏魚子，或冷掉的炒鱔魚和炸花跳。

如果請客人吃日本料理，就會有豆皮壽司，還有沾麵包粉炸過的大蝦與地瓜或青椒。如果在羊城油雞宴客，除了油雞還附一小碟醃漬泡菜回來。偶爾也有雞湯或魚翅羹，甜湯或水果。那時外帶餐具不盛行，除了鋁箔紙，除了塑膠袋，還有一種薄木片便當盒，有些交情好的餐館乾脆用店內的醬油碟子打包小量剩菜，因此家裡有不少醬油小碟是那幾年跟著應酬剩菜回來的。

除了客戶來訪的應酬剩菜，還有喝喜酒的「菜尾」也很豐沛。那時喜宴多數請師傅外燴辦桌，剩菜不管是乾的還是湯的，全部都倒進大鍋煮沸，客人再每人一袋拎回家。菜尾湯有綜合各色食材的酸甜味，不但能撈到豬肚鮑魚蟹腳魚翅，還能吃到小顆的粉鳥蛋。

因為那些剩菜，也就對父親應酬這事情充滿期待，母親也因為省了晚餐打點，多了喘息的悠閒，家人就一起邊看電視邊等父親返家。要是帶回來的剩菜份量少，樣式又不多，孩子們難免臭臉，撒嬌抱怨客人太貪吃。但聽說有客人催促父親把一些根本沒動過的菜餚打包回來給小孩吃，我們就起鬨，說以後這種好客就多來台南吧！

父親應酬夜的深夜食堂，一個月總有一兩次，我們家一向早睡，過了九點還在餐桌搶食，大概也都是因為那些客人根本沒動過的料理才有的樂趣。而父親總在這種時刻重複說同一個笑話，說到古時候環境不好，某家人在自家宴客，餐桌上有一整尾平日難得吃到的魚，那家人的父親事前跟第二輪才能上桌吃飯的小孩說，不用擔心整尾魚被吃掉，因為客人總是客氣，吃完這面魚，不好意思翻面，所以還有另一面可以吃。沒想到，客人吃完一面，竟然動筷子幫魚翻面，等在一旁的小孩著急了，大叫，「客人，他翻面了。」

小時候，一家人圍著餐桌，吃那些烤雞腿、烤大蝦、紅蟳米糕和烏魚子，聽父親重複跳針播放的笑話，不知為何，總是哄堂大笑，現在回想起來，那根本是個冷笑話。

父親成為阿公之後，也習慣幫孫子帶應酬或喜宴的剩菜回來，有時候連飯店會場布置的氣球都拿來討孫子開心。當年，我們不像向田家的小孩，一邊吃東西一邊打瞌睡，大家可都卯足勁，展現九局下半還吃得下一整桌剩菜的戰力。也許是當年的回憶太甜美，我到現在依然對爸媽去喝喜酒帶回來的剩菜充滿期待，還是像小孩子一樣，搶著拆封，也不拿筷子，直接用手指捏來吃。而當年父親邊脫下西裝，邊看我們幾個小孩爭食應酬剩菜的神情，怎麼說呢，那是平日嚴肅面容之中少見的柔軟啊！

2.

主　餐

啟動天涼吃鍋的身體密碼

「這種時候，就要煮一鍋麻油燒酒雞。」

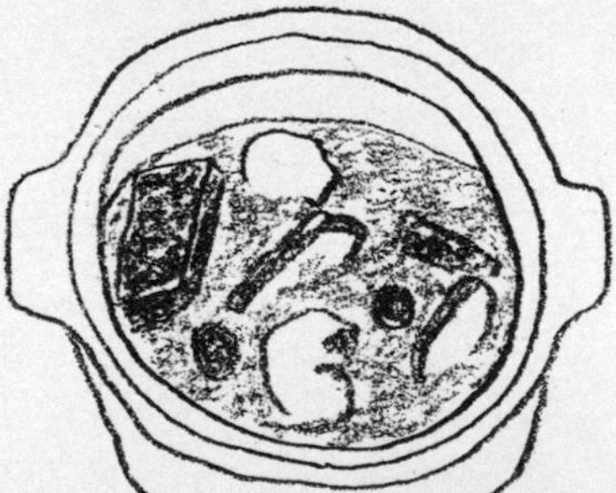

人體對於天氣溫度的直覺反應是很奇妙的，一旦感覺天涼就即刻啟動口欲需求單，腦內隨即遞出一組密碼，「該吃鍋了」。雖不到低溫凜冽，但有一絲涼意近身，就非得靠鍋料理來並肩作戰不可，那是身體不可逆的任性。

小時候，家裡會在中秋夜和除夕夜圍爐吃鍋，台語俗稱為「呷爐」。母親一早就開始熬大骨，爆香扁魚一起入味，做成大鍋湯底。山珍海味材料全靠當日市場採買的新鮮度取決，洗過切過，以小盆缽裝盛，圍著電火鍋排成氣勢驚人的圓陣。鍋子熱了，先用麻油與泡過水的香菇和青蔥爆香，高麗菜梗先炒過，添滿大骨湯底，食材依序入鍋，接著就開始敲雞蛋調沙茶醬。後來才知道，那是台南城內老店「小豪洲」的吃法，北上讀書之後，在西門町「小紅莓」吃過幾次類似的鍋底。

有一陣子也常吃韓式火鍋，薄薄淺盤，中央隆起的弧形鐵板用來烤肉片，肉汁往四周鍋底咕嚕咕嚕滑落，沸騰而起的湯汁用來煮青菜，既要關注烤肉的焦度，還要緊盯四周如護城河那樣的湯汁不要溢出來，肉片味道非常好，拿來夾生菜或配白飯搭泡菜都行，但餐後的松子茶才是我的最愛。

還是上班族的那幾年，下班之後一個人去吃小火鍋是撫慰職場挫敗的特效藥，已經消失的明曜百貨地下樓和忠孝東路ＡＴＴ小火鍋，是跟自己對話的心靈療場，一個人吃一鍋，安安靜靜，彷彿修練。高麗菜和豆腐先下鍋才能吸飽湯汁，茼蒿與金針菇燙過就好。肉片像蜻蜓點水一般，滑個幾下，沾沙茶醬或辣椒醬油，軟嫩還帶稍許筋肉的嚼感簡直銷魂。蛋餃魚餃蝦餃各一，解饞又不至於太飽。最後加入粉絲，把剩下的沾醬拌一拌，火辣辣吃完，好像完成復仇計畫那般爽快。餐後一碗紅豆糯米粥收尾，萬般情緒都放下，結帳之後走入夜色裡，自己跟自己和解。

可惜小火鍋戰力逐漸衰退，吃完一鍋已無空間完食粉絲，連紅豆糯米粥都忍痛割捨，彷彿從大聯盟固定先發，一下子掉到低階１Ａ，實力大不如前。

可是天氣涼了，第一道冷鋒過境，或僅僅是秋天一場雨後，氣溫降個幾度，身體就自動打開吃鍋的開關，黃昏市場開始賣火鍋餃類，我卻拎了一小袋老薑回來。這種時候，就要煮一鍋麻油燒酒雞，延伸做成麻油雞酒糯米飯，或用湯杓沿著麻油雞湯表層，瀝出味道最濃烈的半碗湯汁，下一把白麵線，拌一拌，感覺身體被老薑麻油附身，溫熱起來，可以抵抗即將到來的寒冬。

偶爾也做豬肉味噌鍋，先把洋蔥炒軟，添入豬肉片，帶點油花為佳，加水煮滾，再加入凍豆腐與鴻喜菇美白菇，爐火轉小，慢慢用漏杓將味噌在鍋面攪拌溶解，我個人喜歡暗色還帶有豆子顆粒感的味噌，有了味噌打底，也就無須其他調味，最後撒上蔥花，吃起來特別暖身又暖心。

出外到知名餐廳吃各種鍋膳固然方便，有被款待的幸福感，可是吆喝朋友或家人相聚的火鍋趴，雖沒有精緻手藝當成靠山，七嘴八舌卻是吃鍋的溫情昇華。花時間洗菜切菜就是聚會情誼的一部份，盒裝餃類丸類只是普通品牌，也無夢幻湯底，直接白水煮開，眾人為了爭肉片或整尾鮮蝦而玩笑口角，或是小網子漏杓下鍋的蚵仔一下子就被搶光，吃到最後，白飯下鍋煮成粥，一人一碗，飽食完滿。吃鍋的交情比較重要，只是洗碗的工作也很辛苦。

比較難忘的應該是在日本讀書時，兩層樓木造學生寮，有人買了壽喜鍋具，不知誰聽來的火鍋配方，用奶油爆炒生香菇之後，加入啤酒，煮開當成湯底，酒精都揮發了，吃了也不醉也不暈，滋味好極了。

天涼了，吃鍋的身體密碼啟動了，再過一陣子，低溫凜冽來到冬天最深的火鍋天，那就要找街邊騎樓擺出一整排炭火沙鍋的羊肉爐或薑母鴨，店員夾火炭和端鍋上桌的手腳氣勢，就是抵禦寒意的最佳助拳人。

四季輪迴，也就有了火鍋本命的冬季給自己貪食的好理由，吃火鍋料理不純粹是食材或湯底的斤斤計較，有時候，只是喜歡看著鍋子沸騰，湯汁滾出漂亮的水紋，入口之前，呼呼吹去燙嘴的刁蠻，恰好的熱湯滑入喉間，什麼委屈，也就被溫暖釋懷了。

麵攤滷菜的情和義

「滷菜是可以啟動正面力量的開關。」

似乎是小時候跟爸媽一起看台語劇的印象，劇中的女主角提了一個皮箱離家出走，在高雄愛河邊徘徊，感覺人生失志，愛情又不如意，打算跳河自盡時，發現河邊有個麵攤，心想，反正都要死了，何不吃飽了再上路，於是坐下來點了一碗麵。老闆見女子神情落寞，另外切了一盤滷菜請客，原本打算跳河的女主角，因為一盤滷菜的善意，人生重新燃起希望，於是打消了自殺的念頭。

當時應該在五歲之前，世事懵懂的階段，對那幕劇情卻印象深刻。原本家裡就不常吃麵食，有機會去攤子吃「外省麵」，會特別渴望大人可以切一盤滷菜來相添。在我幼小的認知裡，滷菜是可以啟動正面力量的開關，那想法一直到中年過後，都還深信不疑。

一般人說的陽春麵，在台南卻普遍有「外省麵」的說法，早年的麵攤，真的是一部小推車改裝成一口熱鍋的攤子，路邊或騎樓屋簷下，幾張板凳幾張桌子，一桶瓦斯，兩三個洗碗的水桶，就做起生意來。攤子上的熱鍋分成兩半，一半熬煮大骨湯，一半是燙麵燙青菜的沸水，鍋蓋兩邊開掀，手腳俐落的老闆可以用湯杓把鍋蓋勾起來，甚至左右轉，那功夫經常讓我讚嘆不已。

麵攤拿出來泱鬥的武器，就該是那個長年不洗的肉燥鍋，肉燥裡面埋了滷蛋，滷到外皮內裡都透味，蛋黃吃起來有股焦香，如果單吃湯麵加一顆滷蛋，滷蛋就泡在麵湯裡，探出頭來，那模樣真是可愛。要是點了滷菜，那滷蛋就剖半再對切，跟著豆干海帶一起依偎裝盤，最後撒上蔥花，淋上芝麻香油與醬油滷汁，滷蛋濕濕潤潤的，滋味很特別。

豆干海帶向來是整齊堆疊在麵攤的綠色紗窗櫥櫃裡，豆干幾乎都是三片一個單位計價，海帶則是捲起來用牙籤固定。我家常去的外省麵攤，卻是一對年輕的本省籍夫妻經營，老闆負責煮麵，老闆娘負責切滷菜，每次看她用刀尖壓住海帶一角，另一隻手的拇指食指快速取出固定海帶的牙籤，小指還會不自覺翹起來，彷彿蓮花指，模樣十分俏皮。

滷味要做得好，滷汁固然是秘訣，但時間與火候也是功夫，滷到豆干內裡呈現蜂窩狀的小孔洞，那才叫厲害。而海帶要軟而滑，否則未熟就像嚼塑膠，過熟則有種牙根發軟的噁爛感，那可不行。至於滷蛋的蛋白如果還是白，那也失格，非得有焦糖色澤才夠水準。總之，豆干、海帶、滷蛋，堪稱麵攤滷菜的「御三家」，這三樣做得好，其他應該也不至於太差。

麵攤的滷菜漸漸增加新成員，豆干海帶滷蛋之外，還可以切一些豬耳朵和豬頭皮，後來也有了豬肝連與嘴邊肉，又多了雞胗鴨翅豬腸脆腸，整盤滷菜撒滿蔥花是最基本的誠意，也有開外掛如清燙生腸配薑絲哇沙米醬油膏，滷花生是很稀有的，豬血糕出現時也頗新奇。吃麵的時候切一大盤滷菜，堪稱小康家庭的盛宴。

偶爾家裡煮飯缺配菜，母親就差我拿著大盤子去麵攤切滷菜。前往麵攤的路上，會經過同班同學家，他們家的矮房子客廳充當塑膠半成品家庭代工的空間，我看她坐在門邊矮凳子幫忙拆塑膠半成品，眼神交會時，也沒有打招呼或交談，就只是抿嘴，當作暗號。

雙手端著滷味盤回家途中，會經過一處牛皮工廠，氣味刺鼻，還可以看到工廠空地晾著皮革，我幾乎是小跑步，怕滷味受到臭味攻擊，又怕跌倒，那一路真是忐忑不安。

初中那三年，學校福利社賣麵的攤子，沒有豆干海帶滷蛋，卻有一整鍋滷丸，可以加在麵湯或米粉羹裡，也可以單獨用竹籤串起來單顆計價。滷丸的滋味口感很微妙，比魚丸貢丸要軟，卻還能保持濕潤之中帶著恰到好處的嚼感。滷丸後來走出自己的路，發展成台南小吃的百搭款，吃米糕、吃麵、吃飯、吃粥，都可以來顆滷丸。幾次我跟外縣市朋友形容滷丸的模樣與滋味，卻遇到卡關的瓶頸，後來有同鄉提醒，約莫是接近圓球狀的黑輪，啊，恍然大悟，可是說那是黑輪，好像又有點不同，滷丸應該是滷菜家族裡面身世成謎的成員。

大學到了淡水讀書時，滷味攤已經成為校園周邊開始威脅鹹酥雞地位的另個聯盟，鴨脖子、雞腳、花干、豆皮都加入了，豆干有普通豆干、黑豆干還有小方塊豆干，甚至出現百頁豆腐跟油豆腐這類遠房親戚，往後也有了加熱滷味的分支，學生大考熬夜最佳革命伙伴大概就是深夜的滷味，比起鹹酥雞的易上火特質，我本人支持滷味聯盟比較多一些，甚至帶著死心眼的溺愛。

早期麵攤的小推車，陸續推進店面，滷菜的規模已經要用嬰兒洗澡那樣的大面盆才裝得下。吃麵只是基本款，湯麵乾麵端上桌之前，先切盤滷菜來開胃，麵店變成勞動界朋友與學生聚餐跟上班族吐苦水的庶民食療道場，早年甚至有麵攤賣單杯的保力達B加米酒呢！

雖然各種名店滷味升級成為真空包裝或冰鎮模式的伴手禮熱門商品，可是麵攤滷菜依然是我內心一個標示著情和義的按鍵開關，不論是讀書的學生時期，還是就職後的上班族生涯，結伴去吃麵的時候，有可能是誰剛領了獎學金，誰剛考了第一名，誰領到績效獎勵，誰升官，或即使沒什麼特別的事情，只要有人豪爽宣示「切一盤滷菜吧，我請客」，總能得到一陣歡呼感謝。麵攤滷菜有如此激勵人心與鞏固交情的罕見療效，或許是出自於我個人極為狹隘的想像與執念，而一切的啟蒙，竟是五歲之前那齣台語劇，對我來說，情和義，已經成為麵攤滷菜的代名詞了。

文字燒大阪燒廣島燒還有我家的蚵仔煎

「最後的海苔粉、美乃滋、酸醋醬汁與柴魚片的跳舞儀式完全不能馬虎。」

幾年前閱讀石田衣良的作品《4TEEN》（十四歲），關於幾個出生在月島的十四歲少年成長冒險故事，佐以石田衣良流暢的快節奏文字魅力，這部小說始終在我的口袋名單裡。直到幾年之後又讀了續集《6TEEN》（十六歲），我對月島這個地方，十分好奇。

「故事從學校剛放春假的星期一開始。我走出月島車站，往上百間賣文字燒店鋪的西仲通方向前進……」

月島在哪裡？月島是明治中期填海完成的一塊區域，和築地與銀座所在的中央區相隔一座三百公尺的大橋。小說裡的十四歲中學生眼裡的銀座，是從小玩耍的地方，「我們清楚所有百貨公司地下街的試吃攤位和屋頂觀景台，從不覺得銀座是個時髦的地點。」

我想起一個朋友從小就跟阿嬤住在台北西門町，對面是戲院，樓下賣牛肉麵，轉彎就看得到萬年大樓，走幾步就到獅子林，他對西門町的感覺，應該類似這本小說的十四歲中學生對於騎腳踏車穿過一座大橋就可以抵達的銀座吧，甚至更厲害，畢竟他推開窗戶或下樓就是西門町了啊！

跟銀座相望的月島，近十年來突然成為「文字燒」重鎮，超過一百家店鋪集中在此，對於出生之後就在月島鬼混的少年們，「很難想像有人會為了吃那種東西，特地過來這裡。我還在讀小學的時候，那只不過是放學回家路上，用五十塊錢就能吃飽的零嘴。」

我第一次吃到文字燒卻不是在月島，而是學生宿舍所在的江古田，距離商店街不遠一家位於大馬路旁的「お好み焼き」。我跟同學走上窄窄的樓梯，用生澀的日文點餐，看起來是打工的學生店員相當俐落地在鐵板上面做了漂亮的圓形文字燒，然後給我們一人一把小鏟子，慢慢從邊緣鏟起一口份量。我喜歡粉皮有點焦焦的口感，但不慎被燙了幾次，後來只好拚命吹氣，以致於吃完那一大片文字燒，好像做了一場小型的有氧運動，有點喘。

文字燒表現在軟Q麵糊煎過的焦脆口感，有點類似台南故鄉的蚵仔煎，而我母親在家裡做的蚵仔煎，又比外頭賣的蚵仔煎要乾一點，也不淋紅色醬汁，完全是赤手空拳出來江湖對決的那種氣勢。若是月島文字燒可以跟台南蚵仔煎結盟，應該會有相見恨晚的惺惺相惜吧！

所謂「お好み焼き」到了台灣，似乎很難精準翻譯，許多人乾脆以「大阪燒」作為通稱，但大阪燒的作法又跟文字燒不一樣，也跟廣島燒不相同，重點在於麵糊與材料要不要拌在一起，或麵糊與材料下鍋的順序不同，總而言之，口味與材料大抵是按照各人喜好選擇，所以才叫做「お好み焼き」。

以前看《料理東西軍》，有過幾次「大阪燒」與「廣島燒」的對決，不管是加上炒過的麵條還是半熟蛋，都會引起現場一陣歡呼。到了最後撒上綠色海苔粉，抹上酸醋醬汁，擠出美乃滋的網狀交叉線條，最後擺上柴魚片簡直造成現場暴動，柴魚片因為受到高溫也就開始「跳起舞」來。固定來賓班底之一的SMAP「草彅剛」從座席跳起來，模仿柴魚片跳舞的片段真是印象深刻啊！

後來看NHK晨間小說劇《てっぱん》，來自尾道市向島的少女，原本前去大阪找工作，最後跟著外婆一起賣「尾道焼き」，也就從那時候開始，我自己嘗試做自己喜好口味的「お好み焼き」，作法比較類似關西風的大阪燒。將高麗菜絲等材料跟麵糊拌好，下鍋攤開成一個圓，再疊上肉片，打一個蛋，因為沒有營業用的鐵板，只好以平底鍋取代，如此一來，就沒辦法另外炒麵，但是最後的海苔粉、美乃滋、酸醋醬汁與柴魚片的跳舞儀式完全不能馬虎，感覺草彅剛邀了木村拓哉在一旁跳起舞來，加入應援行列。大抵是融合了關西大阪風與九州廣島風，可是又很想嘗試文字燒，但是欠缺一把從麵糊邊緣開始挖掘的小鏟子，好像還是不行。

如果想吃道地的文字燒，還是得去一趟月島吧，至今還是這麼想。

石田衣良筆下的那幾個十四歲月島少年，過了兩年之後，變成讀高中的十六歲少年，但兩本小說出版相隔五年啊，這是小說作者的率性吧，譬如石田衣良另一部《池袋西口公園》系列的水果店少東「真島誠」，寫了十幾年，依然沒變老的道理是一樣的，又如「尾田榮一郎」從一九九七年開始連載的《One Piece》主角也都沒變成中年人啊！

總之，變成高中生的十六歲月島少年對於黃金週假期湧進月島吃文字燒的鬧哄哄景象似乎習以為常，「西仲通上的所有文字燒店門前都大排長龍，整個城鎮就像尖峰時刻的月台一樣嘈雜。當然，身為在地人的我們就只能靜靜地在後巷裡等待這場風暴過去。」

對這幾個月島少年來說，藏在巷內，一家叫做「向日葵」的文字燒店，才是他們的秘密基地。
那家店躲在狹窄的巷弄內，拐進一整排普通民房之後，「看到空啤酒箱貼著一張畫得很差勁的向日葵水彩畫，以及『向日葵文字燒』的手寫文字，**那不是看板那種煞有其事的東西，只是一張裝在塑膠袋裡的圖畫紙。」**
喀拉喀拉才能打開的毛玻璃拉門，兩張桌子擺放在潮濕的水泥地上，裡頭還有個三疊榻榻米大小的包廂，店裡總共只有四面感覺有點生鏽的老舊鐵板，和一個有點重聽的老婆婆在照料。老婆婆的肌膚就跟「**乾燥龜裂的樹皮一模一樣**」，總是穿著華麗的夏季印花洋裝，還誇張地抹上又藍又紅的眼影，嘴唇也仔細塗了口紅，她是那種「**如果走在夜路時碰上了，就會讓人不禁自動讓出一條路來的類型。」**
毫不起眼的店面，卻是月島少年最愛的秘密基地，鮮少有客人造訪，如果點了沒有配料的傳統醬汁文字燒也只要日幣一百五十元，然後在鐵板上面寫下偶像的名字例如綾瀨遙，烤焦之後吃掉，那才是名符其實的文字燒。手頭寬一點的時候，就點文字燒加蛋和高麗菜，再配上顏色鮮豔且加了人工香料的碳酸汽水，跟糜爛的青春似乎很對味。

明知是小說虛擬的向日葵文字燒小店，可是好想去啊！就如同看了「萬城目學」小說改編的電影《豐臣公主》，位於地底大阪國入口附近，傳聞是大阪國總理大臣掌廚的小店，真是充滿好奇，好想跟劇中的綾瀨遙一樣，在那裡狂吃，各種口味各種配料，都來一份！

但我偶爾還是會想吃母親做的家庭版蚵仔煎，蚵仔先稍微用熱油煎一下，淋上蛋汁，如果是茼蒿的季節就撒一把茼蒿，否則就是芹菜切碎，最後淋上加水調勻的地瓜粉，兩面煎到軟糊與Q彈適中，邊邊有點焦脆口感，不必什麼醬汁，就很好吃。這應該算是我的「お好み焼き」隱藏版了。

我以為的生日豬腳麵線

「父親生日才能吃到的白白軟軟卻隱約還保留嚼感的豬腳沾蒜頭醬油吃，完全擊中我的甜蜜點。」

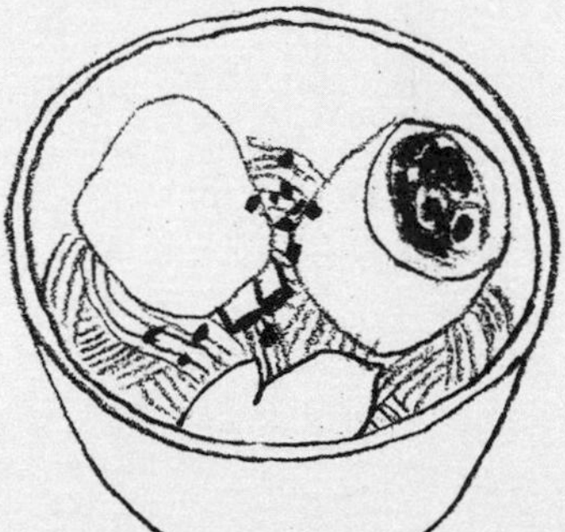

小時候，家人生日並沒有吹蠟燭吃蛋糕的習慣，如果有，頂多在菜市場買那種紅紙小蛋糕，紅紙撕下來，色素還會附著在蛋糕外層，那蛋糕的口感類似過年拜拜的「發粿」，白白的，有點乾，沒什麼味道，要配開水，否則容易噎到。

唯獨父親的農曆生日，必然有一鍋熱騰騰的豬腳，那是一年一度的盛事。

也不只我家有這習慣，親戚之間都有類似的規矩，家裡最年長的人生日，必然要吃豬腳配麵線。要是長輩年紀夠大，還要另外吩咐熟識的餅家做紅龜粿分送親友，那是一種包了豆沙餡的紅色橢圓饅頭，內餡很甜，外皮的紅色素還會殘留在手指頭，起碼要洗手洗很多次才會淡去。也有做成淡粉色壽桃，壽桃的形狀看起來很像嬰兒屁股，以前班上有個男同學說那壽桃屁股裡面包了大便，爾後我吃生日壽桃都會想起這個低級笑話。

但父親生日吃豬腳麵線這種家庭儀式，倒不是因為父親已經年長到可以吃紅龜粿或壽桃的年紀了，多少是因為一家之主的份量，當日母親的主婦魂勢必火力全開，從豬腳採買，到剁塊清燙之後撈起用冷水謹慎洗過，然後把豬腳裝在盆子裡，拿一把圓板凳，坐在後門光線明亮處，手拿鑷子，仔細拔去豬毛，十分專注。

豬腳清理乾淨之後，取一口大鍋，滾水煮，先大火，後小火，煮到豬腳軟爛，外皮光滑有彈性，湯汁呈現漂亮的乳白色，只以鹽巴和米酒簡單調味，有時還會加花生一起燉煮，花生煮爛之後的綿密口感十分迷人，吃過豬腳再盛一碗花生，當成鹹花生湯的一種形式也行。後來有了外送月子餐的風潮，聽說花生豬腳可以促進月子期的乳汁分泌，不免莞爾，那幾年全家狂愛清燉花生豬腳，不知道促進了什麼。

父親生日當天，放學回家就可嗅到整屋子的香氣，晚餐也不另外煮飯菜，就下一大把麵線，按習俗，不能將麵線剪斷，取其祝福壽星長命百歲的意思。麵線起鍋之後，均分六碗，淋上乳白色的豬腳湯，湯頭有種接近四神湯的神奇味道，但明明沒有添加任何中藥材，而今回想，恐怕是湯裡的米酒助興。

豬腳的美味精髓大抵都熬煮成甜美的湯頭，因此要另外準備一碗蒜頭醬油，淡而無味的帶皮豬腳沾了蒜頭醬油之後，美味又重新被喚醒。我原本就是個愛吃醬油的小孩，光是等喜宴開席，用筷子沾醬油放進嘴裡唧唧唧，都可以吃光整碟醬油，還因此討大人一頓罵。蒜頭若煮熟有股怪味，向來不愛，可是生蒜頭剁碎之後，泡在醬油裡，有別於辣椒的直白，蒜頭屬於另一個門派的攻擊火力，沾什麼東西都好吃。因此父親生日才能吃到的白白軟軟卻隱約還保留嚼感的豬腳沾蒜頭醬油吃，完全擊中我的甜蜜點，如果用蒜頭醬油拌麵線吃，對我來說，也算極品。

離家來到台北讀大學，頭一次跟同學去吃豬腳麵線，端來的卻是滷成焦糖色的豬腳乾拌麵線，瞬間遭受嚴重打擊，由於驚嚇過度，雖然拿著筷子，卻遲遲無法動手，內心不斷咆哮，這不是豬腳麵線吧，豬腳的顏色不對，也無帶著米酒香味的乳白色湯汁，更沒有用來沾豬腳的蒜頭醬油，這當中到底出了什麼問題啊，老闆……！

被一直以來信仰的料理背叛的感覺真是可怕，然而跟我一起去吃豬腳麵線的同學卻說，這有什麼問題，他們從小吃慣的豬腳麵線就是這種醬油滷過的乾拌形式，豬腳倘若要滷得軟嫩好吃還得加一罐可樂才行。這麼一聽，更不得了，我覺得母親在父親生日當天，花好幾個小時處理豬腳，耐心熬煮，剝蒜切蒜，還要小心不讓下鍋的麵線斷掉，那才是生日快樂的豬腳麵線啊！

吃食的執著說到底就是硬脾氣，從小被訓練吃豬腳必定是一大塊夾進碗裡，筷子巧妙切割夾取成容易入口的小塊，沾了蒜頭醬油一口解決，那樣烹煮過的豬腳連著湯汁的水分與蒜頭醬油一起咀嚼，對我來說就是完美方程式，和市售那種稍稍滷過再切成薄片沾取甜味醬油膏的吃法不一樣，那已經變成我無法妥協的豬腳障礙了。

現在似乎不流行生日吃豬腳麵線，反倒是遇到什麼不如意的事情，覺得倒楣，或官司纏身，進家門之前除了跨過火爐，還要吃豬腳麵線。我看新聞畫面伴隨類似事件出現的豬腳麵線，大抵都是醬油滷過的乾拌形式，不免洩氣還帶著迷惘，原來我從小以為生日快樂與豬腳麵線劃上等號的信念，好像也褪流行了。

但我依然很愛很愛那種花時間熬煮出來的白色豬腳，作為老派祝福的美意，家人一起慶賀的經典菜色，如此微小的堅持，已經打算人生一路實踐到底了。

孤獨剛好的一蘭拉麵

「無須寒暄無須社交，大口粗魯或小口
發出沒禮貌的嘖嘖聲，都無妨。」

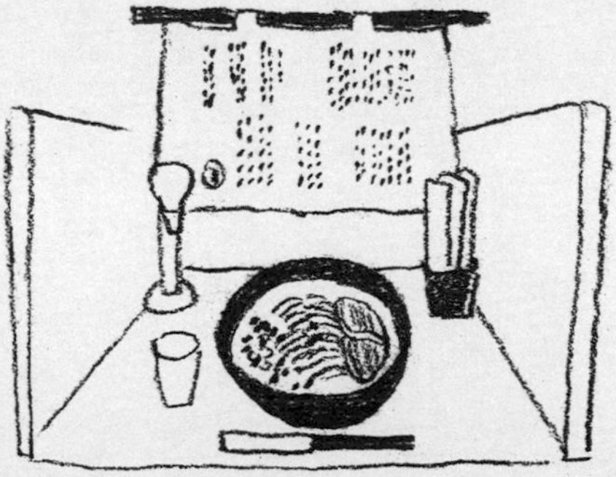

一個人在東京旅行的時候，喜歡躲進一蘭拉麵的個人座位空間裡，對我來說，一碗拉麵的時間是珍貴的獨處，可短暫可綿延，可大口喘息，可肩膀鬆軟。那是「一人旅」的孤獨之中，最喧嘩的熱鬧對話，自己替自己打氣，自己告訴自己偶爾鬆懈下來沒關係，自己和麵條湯頭嘴對嘴，最後雙手端碗，仰頭，湯汁一飲而盡時，看到碗底浮現短句，猶如激勵共鳴也有溫柔暗示，那就是鞠躬盡瘁到後來氣力放盡的回饋與擊掌。

即使那一路在東京來來去去的電車人潮吞吐之中，肌膚與肌膚擦撞，氣味與氣味互相攻擊，然而擁擠之中仍然維持獨處的格式。回到小坪數的商務旅館，任何過於豪邁的轉身都可能撞到床角或浴室洗臉台因此手腳淤青，那亦是空間上的獨處。但一蘭拉麵給予的，除了熱湯溫飽與滋味口感的滿足之外，我更愛那全然躲藏起來的快樂，畢竟旅行既有樂趣也有緊張與負擔，語言就算如何盡力，禮節就算如何努力，幾個小時下來也會累，因此躲進一蘭拉麵那木頭隔板之間，已經不是吃一碗麵的企圖而已。

比起台北，東京對一個人用餐的友善度算不錯，尤其車站內的飲食店，空間狹窄，寸土寸金，面牆或圍繞著廚師料理台的個人座位反倒是常態。我在西武池袋線的站內月台邊，吃過茶泡飯和蕎麥麵，都是門口一台點餐販賣機，付錢找錢，滑出一張車票大小的餐券之後，遞給店員即可。店內座位一人最適合，兩人勉強比鄰而坐，要是小家庭或三、四人結伴，只能分散找座位。這種店，也許不是體恤一個人用餐，而是訴求翻桌率，最好吃完就離開，座位既不舒服也沒提供附餐飲料，想喝水，櫃臺有個冷水壺，跟調味罐放在一起，自己想辦法。用餐過後的碗盤餐具要自己送到回收口，規矩幾乎如此，沒有特別需要適應的地方。

相較之下，一蘭提供的「一人食」空間更隱密，時間更自由，連陌生人之間的眼神交會都不必，儼然是個小型秘密巢穴。如果迴轉壽司是大通鋪，那麼一蘭拉麵就是膠囊旅館。店門口餐券販賣機進行第一輪抉擇，按照空位燈號入座之後，勾選麵條軟硬度、湯頭濃淡、綠蔥或白蔥、要不要特調辣醬、要不要叉燒肉等等。猶豫多久都沒關係，記得按鈴通知就好。送餐速度很快，簾子那頭的服務人員好像訓練有素的生化人部隊，端上湯碗，祝您用餐愉快，雙手在腰間交疊，彎腰鞠躬的角度好似精算過，誠意看起來很飽滿，最後拉上簾子，這世界就屬於你獨自一人。我常常在那簾子關上的瞬間，有了海闊天空的視野，剎那就鬆懈下來，高興到想要大叫。

第二輪要加顆蛋或追加麵條也無須言語，巢穴裡面有筆，在筷子的紙袋上勾選，按鈴即可。那位在簾後埋伏的生化部隊店員，瞬間化身功力深厚的忍者，貼著簾子，聞聲出現，彷彿體內安裝什麼晶片一樣。

一碗麵的時間裡，無人催促，無人窺探，吃麵喝湯之外，可自拍，可打卡，可臉書推特IG發訊息，可直播，但最好的模式，就是安安靜靜吃一碗麵，無須寒暄無須社交，大口粗魯或小口發出沒禮貌的嘖嘖聲，都無妨。

桌面側邊的小型水龍頭，供應冷度恰好的冰水，最好吃完麵，喝完湯，口裡還有鹹味殘留時，一杯冰水，適時勾引舌根漫開的甜味，那甜味特別奇妙。

非用餐時段最好，入口牆上的燈號顯示空位很多，我常常不按用餐時間規矩，只靠飢餓狀況判斷，餐與餐之間的空檔，感覺入座的時間從容，麵就特別美味。純然是心境的功課，也才有辦法專心吃麵，因為專心，所以麵條嚼感清晰，湯頭千言萬語，滋味滑入喉間，心意滲入心坎。專心吃麵不容易，如果不是這麼隱密，難免東張西望，難免介意旁人，難免偷聽鄰桌對話，那些對話多少勾勒陌生人的性格與少部分人生，那就不容易專心。

我專心吃著麵，偶爾聽見木頭隔板左右兩邊傳來的窸窣細微聲響，也有簾子那頭的工作走道傳來腳步聲。

厚重大衣就掛在座位後方，隨身包包塞入座位下方空隙，短暫喘息，卸下來的，除了旅途風霜，還有隨行雜物重量。

有過一、兩次，隔壁與隔壁的隔壁，兩個女孩交談的聲音，音量有點大，內容大抵是女孩之間分享的糟糕戀情苦水，一個抱怨，另一個苦勸。吃完一碗麵的時間，女孩們沒有結論，很想跨向隔壁和隔壁的隔壁，跟她們說，分手吧，不要浪費時間。

比一蘭好吃的拉麵當然很多，但是對我來說，一蘭賣的不是拉麵，而是獨處的自由。對鍾情於「一人旅」和「一人食」的旅人如我，滿足了恰好的孤僻與偏執。

到《鴨川食堂》找尋記憶滋味

「有甘美記憶佐味的美食，即使旁人不以為然，卻是牽掛一輩子的美味。」

閱讀「柏井壽」的小說《鴨川食堂》時，一直以為自己身處京都，出個門，就可以去那間食堂點一道定食來吃。

小說描述一間鄰近京都「東本願寺」的食堂，兩層樓建築，雖然看得到昔日做為餐館的招牌痕跡，卻狀似歇業，以此不修邊幅的外觀拒絕遠道而來的客人，另一方面又以街頭巷尾常見的餐飲店特有味道款待當地居民，路過的時候甚至可以聽到屋內用餐的談笑聲，要是跟正在送信的郵差打聽鴨川食堂，郵差可能會搔搔頭，神情困惑回答你說，「如果是指鴨川先生的府上，**在這個轉角過去的第二間就是了。**」

食堂後方是店主女兒的偵探事務所，營業項目既不是外遇抓猴也不是賓館跟監，而是找尋客人記憶裡的滋味。客人在此下訂單委託，約定好的時間期限內，再回到店內，由店主鴨川先生親手烹調，重現委託者牽掛的滋味。而代為尋找味道的酬金全靠委託者的心意，匯入店家指定帳戶即可。

即將展開婚姻第二春的男人試圖找尋亡妻擅長的鍋燒烏龍麵湯頭；五十年前婉拒約會男子求婚的老太太，想要找尋當時奪門而出沒能吃完的紅酒燉牛肉；男人想要找尋童年在桑野旅館吃過的青花魚壽司；婦人想要為重病即將離世的前夫找尋他昔日在京都開店擅長料理的炸豬排；年輕女子想要找尋失智爺爺曾經帶她吃過的拿坡里義大利麵；事業有成的大企業老闆想要找尋故鄉小島早逝的母親曾經做過的馬鈴薯燉肉……

鍋燒烏龍麵、紅酒燉牛肉、青花魚壽司、炸豬排、拿坡里義大利麵、馬鈴薯燉肉……

這有什麼難的，都是日本庶民料理，做出口碑的名店也多得是，美食家背書或網路瘋傳的店家，湯頭如何，滋味如何，配色如何，入口瞬間讓人歡喜到升天，一輩子不吃就成終身遺憾……類似這些溢美之辭，卻往往比不上記憶加持的重量。有甘美記憶佐味的美食，即使旁人不以為然，卻是牽掛一輩子的美味，要精準復刻當時的味道，不是件容易的事情。

那位找尋青花魚壽司的男人說：「年輕的時候可能會無條件地臣服在美食之下，但到了像我們這把歲數，反而會被名為回憶的調味料搞得心癢難耐。**我想再吃一次讓我感受到莫大幸福的青花魚壽司。**」

我在京都吃過滋味很好的青花魚壽司，夫婦兩人經營的小店，只有幾張桌椅，壽司醋飯很清爽，老闆專注做壽司時，老闆娘提起夫婦倆曾經來過台灣，去過很漂亮的九份，住過圓山飯店，於是我對青花魚壽司的味覺記憶，就摻了老闆夫婦誇讚台灣水果好吃又便宜，天氣很熱，但台灣人很親切的讚美。從那時候開始偏愛青花魚壽司，也覺得醋飯的酸度要是拿捏不好，青花魚沒有適度的鹹，吃起來就沒有記憶加持的風味。

倘若在現實世界裡，也有一間幫人找尋記憶滋味的鴨川食堂，吃完鴨川老闆的料理，再到食堂後方的偵探事務所委託案件，會想要重溫什麼呢？

也許是小學吃過的米粉羹吧！

那時除了校方經營的福利社之外，還有送牛奶的阿伯在靠近後門的平房教室尾端，用鐵皮搭建的一間小店，賣牧場直送的玻璃罐裝牛奶，還有老闆娘自己用大鍋煮的冬瓜茶和紅茶，和外層蜜了糖、撒上花生粉的蕃薯，以及熱食如肉燥飯、米粉羹和肉燥麵。

我偏愛米粉羹，那羹湯的酸甜度簡直完美，互相競爭卻又平衡包容。那羹湯其實沒有肉羹或魷魚羹之類的豪華陣容，只有筍絲白菜，以及魚漿捏成的長條狀魚丸。米粉清燙過，預先分裝在淺淺的瓷碗裡，碗碗疊成小山一樣。下課鈴響，學生像海浪一樣湧過來，只要用大杓子將羹湯舀進碗裡即可。

我總是小心翼翼將米粉羹端到長條矮桌上，筷子拌幾下，將米粉和羹湯調勻調潤，米粉吸飽湯汁氣味，再撒一些白胡椒粉，滴少許烏醋，那米粉羹的滋味大概注定了我此生對於羹類麵食的挑剔與不妥協，也許那湯頭還有大骨與柴魚扁魚的熬煮功夫，往後我幾乎很難吃到同樣味道的米粉羹，若不是過於清淡，就是過於濃烈，少了什麼，或多了什麼，很難滿足。我大概也到了一種歲數，「被名為記憶的調味料搞得心癢難耐」。

還記得老闆娘的樣子，身材不高，不算瘦子，但也還不到胖的程度。捲捲髮，樸素襯衫搭配過膝裙，天冷才會穿長褲外加毛線外套。是牛奶阿伯的太太，脾氣很好，掌管幾口熱鍋的氣勢很專業，對小學生有耐心，傳統母親的模樣。

不曉得這些線索夠不夠，如果找到當初羹湯的湯底材料配方，同樣的白胡椒粉，同樣的烏醋，魚漿捏出來的毛毛蟲抖抖形狀魚丸，入口毫無腥味卻有魚肉的甜味，那時米粉該是純米製作而非玉米粉替代，滾燙羹湯恰好把米香激發出絕美的口感，這些元素都齊備，大概就能重現那時的米粉羹滋味吧！

如果可以追加委託，我還想要找尋小時候在台南車站二樓鐵道飯店吃過的宮保雞丁與白飯，台南中正路喝過的嗎那紅茶，淡水英專路的大順合菜……

作者「柏井壽」是道地京都人，也是京都開業牙醫，既寫京都導覽，又負責審定電視節目和雜誌的京都特輯內容，另有「柏木圭一郎」為筆名發表的一系列以京都為舞台的推理小說，這次用本名書寫《鴨川食堂》，牙醫工作之餘還能筆耕不斷，真是厲害。

在日本文壇寫時代小說《奥右筆秘帳》系列的「上田秀人」，是大阪出身的開業醫師，白天是市町在地牙醫，晚上寫時代小說，發誓此生以一百冊作品為目標，也是厲害的牙醫作家。

在日本文壇，不少醫師同時也是出色的小說家，譬如骨科醫師「渡邊淳一」寫了《失樂園》，內科醫師「夏川草介」寫了本屋大賞第二名的《神的病歷簿》。往後我再有機會去看牙醫或中醫或耳鼻喉科，可能會抑止不住好奇心問醫生，寫小說嗎？

但我比較想去京都尋找鴨川食堂，東本願寺附近嗎？唉，可惜只是小說。接受委託尋找記憶味道的偵探事務所，是可以帶給人療癒的美好行業，不過想要藉此賺錢獲利，應該很難吧！

小吃是用來博感情
不是拚輸贏

「小吃的可貴在於陪伴。」

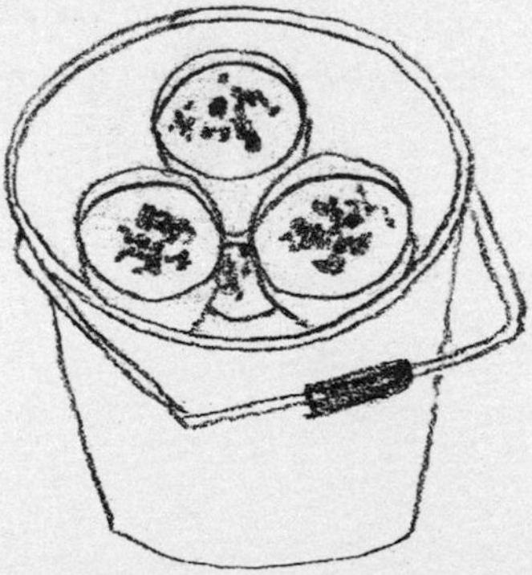

最近關於台北台南小吃誰是王者的討論似乎不少，政府局處首長甚至下戰帖，希望來一場ＰＫ決定輸贏。可是，身為台南小吃養成的台南小孩，又有台北異鄉生活的經驗，怎麼都覺得拿小吃來ＰＫ決勝負是件殘忍的事情，畢竟，小吃存在的意義，不是好吃的輸贏問題，而是感情。小吃的可貴在於陪伴，不是一直在身旁的那種陪伴，而是風雨同路那種相挺。有情感就覺得好吃，分享與推薦等同於交情和義氣，就算辦了美食擂臺，真的厲害的店家未必有空參加，真的得名的店家也未必走得長遠，不如各自支持各自所愛，還比較多情浪漫。

所謂好吃的小吃，是小碗卻費時費工的心意，是新鮮當日的限量，是滋味簡單卻濃情萬縷，是半飽恰好的意猶未盡，就算想吃飽也在銅板的守備範圍之內，不必勞駕紙鈔出來救援。即使沒帶錢，要是交情夠好，老闆還會說，「沒關係，先吃，下次來再算錢。」如果那時剛好遇到什麼委屈又饑腸轆轆，那份恩情就一輩子根深蒂固了。你說這要怎麼互相拚輸贏呢，小吃之所以讓人愛，不就是這些不靠裝潢不講排場的庶民情感嘛！

譬如我最愛的碗粿不是什麼名店，機緣來自於小學三年級前後，家裡在火柴會社舊址買了一塊地，找人來蓋房子，母親怕建築工人肚子餓，放了一筆錢在賣碗粿的阿伯那裡，那阿伯上午在家炊粿，過午才騎腳踏車沿街叫賣，兩邊把手各掛一個鋁製大水桶，水桶裡面疊著碗粿，上面覆著熱毛巾。路過我家建築工地，工人一招手，就可以吃碗粿，到了月底，再來結算，多退少補，但其實又繼續寄錢，作為下個月的點心費，這樣子吃了一整年。那碗粿因為有主客之間的信任，又是每天新鮮手作的心意，瓷碗竹籤，捧在手裡吃在嘴裡都是熱呼呼的，吃過的碗放在大門牆角，隔天會來收。即使房子蓋好了，我也常蹲在門口等碗粿經過，那位總是穿著白色汗衫藍色短褲，笑起來露出銀色假牙的碗粿阿伯每次都說，拿去吃沒關係，再跟妳媽媽算錢。

最愛的雞肉飯四神湯鱔魚意麵，都是假日全家去中正路逛完王冠百貨千大百貨之後，穿過一長排賣成衣的店鋪去到「沙卡里巴」，一坐下來，四方吆喝，各家小吃的碗盤就靠攏過來。那時覺得沙卡里巴好大，小孩的視野看出去，簡直比現今百貨公司地下美食街還要幅員廣闊。直到那裡經歷火災，王冠跟千大百貨也都歇業，合作大樓也拆了，再回去吃米糕魚丸湯的時候，已經過了三十歲，只剩下不到五個攤子。可是看到赤崁的棺材板還在賣，鱔魚意麵還是很厲害，米糕的生意還越來越好，就覺得安心。往後只要回去就盡量撥時間去那裡吃點什麼，但其實是想要重溫兒時在那裡被小吃啟蒙的美好經驗，然後互相約定歲月靜好現世安穩彼此珍重。就說小吃是吃情感的啊！

最理想的小吃情感往往建立在地緣關係，住家附近，學校周邊，鄰近工作地點，走路可以抵達，騎腳踏車也很近，或是騎機車不用戴安全帽那樣的距離（但一定要戴啊不要逞強）。你清早路過看到店家在那裡洗菜洗米剁花生切蔥摘九層塔，或把虱目魚肚魚頭魚嶺切割分類；也見過麵攤老闆娘整日坐在高腳板凳上，比機器人手臂還要俐落精準地包著扁食，一包就是十幾二十年三十年，從小姐變成阿嬤；你站在「飯桌仔」那些菜色前方，一根手指頭點了幾道菜，就是他們從早忙到晚，把煮食當事業做到鬢髮霜白的款待心意；你熟識那些人，明白這些勞動的過程，所以小吃才會那麼濃情蜜意無法割捨。

大多數店家也是覺得生意剛好就可以，最好是熟客都招呼得到，當天準備的份量賣完就開始洗鍋子刷地板，如果因為被報導被推薦突然變成排隊名店，老闆也覺得很苦惱。有些店乾脆週日休息，想說作在地人的生意就好，否則聽說同一條街哪家老闆累到身體不好，或擴大營業開放加盟冷凍宅配然後賠錢收攤，或被老顧客說了一句「滋味走鐘」了，一箭穿心，即使是很會臭臉的頑固老闆也很介意。

做小吃生意也無訣竅，各店有各店的風格滋味，還可以吃出店家的脾氣，那是以小吃「交陪」的最好境界了。如果變成連鎖加盟或中央廚房集體備料或半成品提供店面回鍋加熱，也不是說不好，就是缺了點什麼，我也說不上來。

這種吃小吃吃出死心眼的固執，就算到了台北過活也一樣。因為冬天夜裡吃了附近一家藥燉排骨，暖了手腳也暖了胃，從此吃別家都覺得欠一味。大腸蚵仔麵線當然是台北的好吃，如果在台南我就去吃當歸鴨麵線。有一回路過士林，吃到很好吃的碗粿，轉身問老闆，才知道也是台南人，連醬油辣醬都堅持從台南運上來。也有一回在板橋吃了號稱台南小吃的虱目魚肚湯，吃得好惆悵，感覺虱目魚有鄉愁，少了該有的鮮甜，魚肉有點柴，但那間店的生意好得不得了，想想也是啦，地緣關係的情分，關於滋味，各有喜歡，也難妥協，所以，怎麼拚輸贏。

如果是下戰帖，爭誰才是美食之都，就短期話題來說，確實有一、兩天的新聞熱度，但小吃說到底就是博感情，是主客之間的長久信任，有可能因為三代都吃同一家，也有可能是某次路過就一輩子互相糾纏。不管是台南或台北，彰化或員林，屏東或嘉義，基隆或花蓮，任何地方，都有在地人想要捍衛的小吃滋味，如果用城市裡的店家數量和密度作為輸贏的依據，或是之前有美食家認為「可以宴客的像樣餐館」作為評比的標準，甚至任何形式的票選，都很難比出小吃的排名，因為店家或其支持者，沒有人願意認輸的吧！

每每因為自己的情感或記憶的甜美加持，跟人推薦了某某小吃簡直夢幻等級，他們吃過之後的表情顯示為還好而已，我內心則是「嘖」了一聲，

「這種滋味，你們不會懂啦」大概是這種情緒。所以，輸贏不重要，戰帖就請收回去吧！

一個人吃飯的孤獨美食戀情

「即使是一個人與食物的對話，
都變得好坦率。」

一個人吃飯，經常被定義為孤獨，或是，可憐。尤其外食的場合，除了孤獨與可憐之外，還經常被要求併桌，或被嫌棄太「佔位子」，有時候還遭到不友善加價的懲罰，或鄙視。

因此日劇《不結婚的男人》那位獨自生活的設計師阿部寬，一個人去吃燒肉，又爽快，又不在意店員和其他顧客的眼光，真是一個人吃飯的最高境界。

但是，「久住昌之」執筆、「谷口治郎」作畫的《孤獨的美食家》，主角「井之頭五郎」，一個人吃飯，其實也吃出孤獨的美學與恣意。

井之頭五郎，從事進口家具貿易工作的中年男人，沒有上司、沒有同事、沒有情人，覓食變成日常生活的重心，那之中還有許多男人的思維和脾氣，以及那些只能藏在內心的扭捏或坦蕩。因為是漫畫啊，像泡泡一樣出現的「嚼、嚼、嚼」，出乎意料的，竟然嚼出滋味。

穿著西裝，提著公事包，髮型顯然是資深上班族的人物，以前看《課長島耕作》或《黃昏流星群》，多的是這種經常皺眉頭兼之自言自語的角色，不過這位井之頭先生，為在工作空檔，經常處於極度飢餓的狀況之下，於是開始一段一段覓食的冒險。

多數在鐵道沿線，那些我們常去東京旅行的時候，會路過或駐足的地方，譬如有點城下町的老舊氣味，好像是淺草、三輪、赤羽、江之島，或是有點文青雅痞氣味的吉祥寺、荻窪，甚至連神宮球場或深夜的便利店熱食，池袋百貨公司頂樓美食與住院時期的醫院餐點，他都吃得津津有味。一個人覓食，一個人挑戰陌生街邊第一次造訪的餐廳，因為店內都是穿著工作服的勞動階層，井之頭五郎感覺自己的西裝打扮多麼突兀；也有被主婦客人塞滿的迴轉壽司店內，唯獨井之頭五郎這樣的中年上班族，跟著歐巴桑們搶奪限時特價的「腹身肉」與「真鯛」壽司。

井之頭五郎雖然從事家飾進口貿易工作，卻沒有自己的店面，「就像結婚一樣，不小心有了店面，要保護的東西就會變多，人生會因此變得沉重。基本上，男人都是想一個人過日子的。」

曾經一大早到赤羽交貨，原本想找間店吃早餐，卻進入一間彷彿深夜酒館的食堂，賣沙瓦與清酒，還有許多美味的下酒菜。店內的客人到底都從事什麼職業啊，一大早就喝酒？但是鰻魚蓋飯又很好吃，飽餐之後，打算回家淋個浴、睡回籠覺的井之頭五郎說，「醒過來時，說不定會覺得那間店真的是夢裡的光景……」

也有開車到京濱工業區內的川崎談生意之後，「已經餓得肚皮扁扁了」，索性就去大吃燒肉。「今天徹底明白，川崎跟燒肉有多麼契合……我的身體就像煉鋼廠，我的胃就是熔爐！」（哈哈，那些扭捏的美食家絕對說不出這種讚美啊，充滿文學小說的氣味。）

來到電子商品聚集的秋葉原，內心嘮叨著，「這條路上的『食慾』已經死亡了。」

到了年輕正妹很多的澀谷，不免埋怨，「已經沒有可以讓我這種大叔坐下來吃個飯的餐飲店了嗎？」好不容易找到一間老派的店，發現意外好吃的餃子與炒麵，「這種略微粗鄙的味道，以正面意義來說，就像是殘存下來的老澀谷一樣。」

就算在前往大阪的新幹線列車上，吃到會噴射加熱的燒賣便當，也因為燒賣的氣味充滿車廂，不免有些中年男人的尷尬，因此悻悻然，「就真的只是燒賣而已啊！」

來到睽違多年的銀座，想起以前常去吃的牛肉燴飯，沒想到熟悉的街景已經改變，記憶裡的餐廳所在，被陌生的新建大樓包圍，已經失去蹤影了。「打擊好大，原來，店已經收起來了啊！唉，明明我的身心，都化為牛肉燴飯了說……」（這種挫折，誰都有吧，唉！）

因為恰好符合心境與地名的一些庶民滋味，也才顯得用餐當時的情緒多麼動人。一個人在外覓食，總有過多的猶豫和顧慮，一旦有了推門進去的勇氣，即使是一個人與食物的對話，都變得好坦率。

也許在旁人眼中，一個人吃飯，好孤獨，好寂寞，但是，唯有那樣的機會，才有被孤獨寂寞逼到牆角的能量，也才有辦法跟眼前的食物談一場美好的戀愛吧！

故鄉他鄉·台鐵便當

「那一口排骨肉搭著白米飯咀嚼的交情，摻了鼻酸的逞強。」

人生第一次邂逅台北城，遠在台鐵最速車種還是平快列車的年頭，聽父親用台語說要搭乘「平快」北上，以為是「冰塊」。那時我還未上小學，盛夏七月，全家為了那趟家族旅行，還去找市場裁縫師做了好幾套衣服。台鐵平快列車沒有空調，頭頂有幾盞旋轉風扇，車內有人吸菸，車窗可以上下打開，經過隧道山洞時，大家好像觸電一樣，從座位彈起來，用力將車窗拉下，那時鐵路尚未電氣化，害怕窗外飄來黑色媒渣，吸入鼻孔，可就糟了。

沿途風景並未吸引我的目光，反倒是穿著藍色西裝褲與白色襯衫的台鐵列車叔叔，提著白鐵大水壺，循著每節列車每個座位，拿起窗邊架子的空杯，透明玻璃杯裡頭，預先放了一小撮茶葉，列車叔叔單手取杯子，手指巧妙將杯蓋捺出個傾斜的小缺口，白鐵大水壺的滾水拉出漂亮的弧線，快速沖出一杯又一杯茶水。家裡的長輩不允許小孩喝這種「茶心茶」，既然是搭火車出遊，規矩就不計較了，茶水的濃度恰好，喝起來有著苦澀甘醇莫名協調的大人滋味，尤其看列車叔叔表演沖茶特技，簡直目不轉睛，喝了過多茶水又吵著上廁所，過隧道又要忙著關窗，無一刻安坐的閒暇。

平快列車一路北上，清晨從台南啟程，接近正午，也才抵達台中而已。車廂內開始販售便當，仍然是一早表演過白鐵水壺沖茶特技的列車叔叔，雙手提了兩個圓筒形鐵架，大聲用台語叫賣「便當便當，燒ㄟ便當」。一個個圓形白鐵便當盒筆直上下堆疊，還帶著熱氣溫度。不知為何，我對列車叔叔從西裝褲口袋掏錢找錢的印象特別深刻。

父親買了便當，大家分著吃。便當盒蓋打開，一大塊排骨肉，約莫小孩臉那樣大，熱呼呼的白飯當中，還埋了一顆醬色入味的滷蛋，少許綠色切碎的「新鹹菜」，好像還有一片黃色醃瓜。

那排骨的氣勢很不得了，對當時吃食經歷相當淺薄的小孩來說，沒見過那麼大塊排骨肉，當下只能用「敬畏」這兩個字來形容。但是敬畏的嚴肅情緒並沒有持續太久，眼見家人一口一口咬下排骨肉，我大概是唉唉叫了幾聲，總算也討來一口，先是舔了排骨外層的醬燒油漬，接著咀嚼肉片，雖有筋的嚼感，還不至於柴，也不至於軟爛沒骨氣，鹹淡恰好，搭米飯一起，嚼著嚼者，嚼出兩頰唾液的甜味。一口吞下，喉間還回甘，飽食之後打嗝的氣味裡，彷彿摻著少許台鐵廚房大鍋大灶的焦香味。

吃過的便當盒，重新蓋上，列車叔叔拿著空的圓筒鐵架，逐一回收便當盒，不久又提著滾水大水壺，再來添茶水。環保的年代，溫厚的交易人情。

長大之後，開始搭著台鐵列車，異鄉他鄉，一卡皮箱，來來去去的人生。有時也不是用餐時間，毫無飢餓感，卻還是想在車廂座位上吃個便當，配著車窗後退的沿線風景，聽著鐵軌跳動的金屬摩擦聲，跟隨車廂搖晃的韻律，南來北往，漸漸變老。

圓形鐵盒便當後來成為伴手禮的主打星，就算餐盒包裝改變，台鐵便當還是帶著稍許大鍋大灶的焦味，我猜想那是烹調的熱油嗆鍋香氣，或是浸泡排骨肉的特調配方使然，或根本是綠色新鹹菜被熱氣悶出來的菜香。陸續也推出新式菜飯或蝦米飯，偶有炒麵或素食選項。配菜或有改變，排骨肉也許進化了，綠色新鹹菜還好沒被淘汰，滷蛋醬色似乎淡了一些。早就沒有提著大水壺來添水的列車叔叔了，小時候盯著茶葉在透明玻璃杯之中快樂漂浮起來的歡喜，而今回想起來，那簡直是職人魔法的極致。

明明是不起眼的簡單庶民食材，也許是成長記憶裡的青春鄉愁佐味，一路從學齡前的鐵道滋味啟蒙，十幾歲的求學離鄉，二十幾歲的他鄉就業，過了三十或四十之後也就對便當有了革命情感。每一趟鐵道往返的奔馳，都恰好有那麼一個台鐵便當，加深了近鄉的雀躍，有時也撫慰離鄉的哀愁。那一口排骨肉搭著白米飯咀嚼的交情，摻了鼻酸的逞強，「吃飽了，就繼續勇敢吧」……常常這樣在內心對自己打氣，低頭就把便當飯菜扒光，吃便當吃出異鄉他鄉的鄉愁療癒，也算值得了。

突然想去家庭餐廳吃漢堡排

「有時候也想吃蛋包飯，簡單淋上平價的罐裝番茄醬就覺得很好吃。」

看完日劇《那一年我們談的那場戀愛》之後，突然很想出門找一間家庭餐廳吃漢堡排，即使片尾曲唱完的時候，都已經過了深夜十一點了，我身上也穿著睡衣，但是公路旁的家庭餐廳不都廿四小時營業嗎？印象中，是這樣的。

日劇裡的搬家工人「曾田練」，因為拾獲一封信，憑著一股衝動，決定駕車至北海道，找尋信的主人「杉原音」，那時杉原音還在洗衣店打工，被陌生人打擾，難免怒氣衝天。他們初識的那晚，在公路旁的家庭餐廳，為了選「蘿蔔泥漢堡排」還是「番茄醬汁漢堡排」而猶豫不決，最後決定各叫一份，兩人分著吃。

經過幾年，兩人同樣在東京生活卻都有回不去故鄉的苦衷，曾田練一度誤入歧途，杉原音已經是專業的老人照護機構派遣工，他們彼此相愛卻各有戀人，最後又約在那間公路旁的家庭餐廳見面，故意臭臉冷漠的杉原音逞強說她不餓，曾田練努力回想之前到底點了蘿蔔泥跟什麼口味啊？杉原音小聲說了番茄醬汁，但曾田練沒聽到，於是點了其他款的漢堡排。兩人在等待餐點上桌時，漸漸有了甜美的對話，沒想到家庭餐廳服務生端上來的，依然是蘿蔔泥跟番茄醬汁口味漢堡排各一，天啊，服務生是長年臥底的嗎？真實人生有沒有像日劇這般動人的結局呢？

畢竟編劇「坂元裕二」是厲害的高手，曾經改編過《東京愛情故事》，還寫出原創的《最高的離婚》及《四重奏》，在家庭餐廳的漢堡排埋下愛情重逢的梗，充滿心機啊，但我實在很想吃漢堡排，不管什麼醬汁口味都行。

以《池袋西口公園》系列聞名的日本暢銷作家「石田衣良」，在另一部小說《4TEEN》的最後章節中，描述四個即將告別十四歲的同班同學，決定在三月春假裡，離開他們成長的月島地區，越過隅田川，混進新宿中央公園遊民區，來一趟沒有大人保護的單車旅行。他們在清早出發，經過築地、銀座、日比谷，過了皇居、半藏門，沿著新宿通，吃力踩著腳踏車，飢腸轆轆的男孩們，選了一間路旁的家庭餐廳，吃一頓「有點早的午餐」。

「點了最便宜的套餐。」

「義式漢堡排上桌，好吃到極點。」

「這家店午餐時段的白飯無限量供應。」

「把漢堡切成五塊，一塊配一碗白飯，漢堡沒了，把鹽灑在白飯上吞下去。」

「因為還不到中午，店裡沒什麼生意，我們續了好幾杯咖啡和冰水，足足休息了三十分鐘。」

結束新宿中央公園和歌舞伎町的探險，回程又在那間家庭餐廳吃了一頓「遲來的午餐」，那天點的是奶油燴牛肉。

家庭餐廳總是這樣埋伏在路旁，大片玻璃窗，燈火通明。餐點選擇多樣，攤開菜單的時候，什麼都想吃，因此猶豫不決。

記憶最初的家庭餐廳用餐經驗，似乎是小學以前的週日中午，父親會帶全家去台南城內很有名的大舞台保齡球館二樓用餐。二樓餐廳有大片落地窗，往下俯瞰保齡球道，用餐的背景音場就是樓下保齡球瓶不斷倒下的木頭撞擊聲。我對那聲音的印象很深，也約略記得家庭餐廳有俗稱「藍吉」的和風西式午餐定食，最受歡迎的是蛋包飯，也有端上來會滋滋作響還噴著油花的鐵板牛排可選蘑菇醬或黑胡椒醬。兒童餐好像有漢堡排跟三明治兩種選項，漢堡排跟三明治上面會插一根美國國旗。最愛的餐後飲料則是冰淇淋汽水。漂亮的服務生姊姊會拿著咖啡壺走來走去，問客人要不要續杯，她們穿著荷葉邊圍裙，腰挺得很直，像洋娃娃。

長大之後的家庭餐廳用餐經驗，反倒不是一家人同行，而是旅行途中，為了等待班機或電車時刻，或者累了，或因為旅館 check in 時間還早，就拖著行李箱，去了「非用餐時段」的家庭餐廳。這種時段人少，店內安靜，餐點價格還算大眾，是可以坐下來安心放鬆的地方。除了向店員點餐之外，無須顧忌旁人，雖然也常偷窺鄰桌，然而被偷窺的時候或許更多。美式咖啡雖然淡而無味，但可無限續杯，穿著圍裙制服、端著咖啡壺在餐桌之間走來走去的服務生，總是輕聲詢問，「如何，來一杯咖啡嗎？」即使是那麼尋常的問句，都覺得旅途中的寂寞被理解了，也就一杯一杯續下去。

也唯有那種時刻，會特別想要點一份漢堡排，作為遲來的早餐或有點早的午晚餐。漢堡肉不像美式速食店那樣夾在上下兩層的麵包裡，被迫與洋蔥或番茄切片或起司擠在一起，而是成為主食，有自己的醬汁，佔據白色瓷盤的主舞台，搭配少許水煮青菜如綠色花椰菜或紅蘿蔔，外加一碗白飯。

家庭餐廳的漢堡排是個奇妙的黑洞，平常我不愛吃漢堡，也不喜歡把肉絞碎之後加工做成的任何餐點，唯獨家庭餐廳的漢堡排，保有肉的濕潤與不膩的油潤，外層炙熱還帶著稍許焦脆，可以用叉子或筷子將漢堡肉切成小塊，與白飯一起入口，美味極了，這到底是怎麼回事？

有時候也想吃蛋包飯，簡單淋上平價的罐裝番茄醬就覺得很好吃。咖哩飯跟牛肉燴飯就算很平常，因為在家庭餐廳的菜單出現，畢竟擠入先發名單了，感覺實力不會太差。有時飢餓過頭就衝動加碼升級為附加沙拉麵包前菜和熱湯甜點飲料的套餐組合，最後還是因為吃得太撐而有點後悔，早知如此就點單品，卻又不想放棄餐後可以無限續杯的美式咖啡，來來回回悵然，在內心上演不為人知的小劇場。我想自己應該是仗著那杯不斷追加的咖啡，可以在店內多留幾刻鐘，看著窗外的街景，看那些路過的人帶著身上什麼樣的風霜和什麼樣的盤算，與我短暫交會，從此不會相見。就那樣以一杯必然會冷掉的美式咖啡繼續逞強地放空發呆，然後想起電影的那些在家庭餐廳發生的劇情，有些角色因為過於信任家庭餐廳明亮的燈光而推門進來，吃了美味的漢堡排而落淚，或邂逅什麼陌生人而展開一場大逃亡，但我每次結帳之後都走入一貫的日常，這樣也好。

家庭餐廳通常是闔家歡樂用餐的地方，有小孩尖叫聲和跑來跑去撞到桌腳的哭鬧聲，最終都以美味的甜點收尾，結帳之後，家庭美滿，和樂融融。可是戲劇電影卻不愛這套，為了凸顯角色孤寂的必要時，總會選擇家庭餐廳作為殘酷的決鬥舞台，譬如，失戀的時候，離家的時候，告白失敗的時候，遭人背叛的時候，大雪紛飛的公路旁，熱到昏厥的猛暑正午，或是大雨滂沱的深夜，劇本寫到這種關鍵時刻，家庭餐廳無限續杯的美式咖啡與漢堡排就會以機靈的配角切入，不僅療癒人心還有機會展開幸福的大復仇。

可是，真實人生裡，即使沒有那麼悲壯的理由，應該也有像我這種純粹想要吃漢堡排而愛上家庭餐廳的人吧！

像南部粽那樣的吃食小偏執

「吃肉粽不撒花生粉、不淋醬油膏，謝謝。」

端午之前，南部粽北部粽照例又要開戰，這種口味之爭，難免因為吃食習慣的養成不同，擁護與對嗆的字句都很辛辣，感覺就像平日各自在所屬聯盟打例行賽，端午到了，那就來幾場跨聯盟比賽吧！粽子本人不曉得是開心還是惶恐，每年一次吵吵鬧鬧，大抵都來自於每個人對於粽子的愛意，重點是，最後大家都吃到自己鍾愛的粽子了嗎？

我的粽子養成之路，自然跟我出生與成長的地域有所關連。小時候，大人說小孩不可吃粽角，脾氣才不至於太尖銳，所以大人張嘴把粽子那幾個尖尖的角咬走，剩下中間薄薄糯米和餡料才遞過來。後來才聽說，環境不好的年代，大人把粽角咬掉，自己吃糯米，把珍貴餡料留給孩子。幼時不懂事，忿忿不平，跟大人計較，說粽子的角都被咬掉了，剩下一點點，還哭。懂得典故之後，怎麼說呢，還挺感動的。

小時候笨手笨腳，還沒被允許從成串的粽子解下其中一顆，大概都是大人代勞，將粽葉剝光，擱在碗內，用叉子餵食。那時只能看著大人吃粽的瀟灑架勢，看他們俐落鬆開繩子，剝開粽葉，然後將粽葉轉彎折起來，帶油的葉子裡層就裹在內，不帶油的外層恰好收成一個漏斗狀，漏斗中央突出粽角，邊吃邊調整粽葉，直到整顆粽子完食，完全不沾手，童年時期目睹那個過程，堪稱端午節吃粽的初級養成術。

小學那六年，因為走路上下學的關係，中高年級還有中午回家吃過飯再往返的經驗，端午節前後，似乎都是雨季，濕黏的空氣中，總是飄來不知誰家廚房水煮粽葉的香氣，路上還有許多不曉得是什麼人隨手丟棄的粽葉，或光滑或沾著殘留的糯米粒，被路人踩平或被摩托車碾過。以那時小學生的心境看來，不免浮現強說愁的多慮，啊，那些粽葉明明貢獻了那麼多心力，最後被拋在路邊，扁扁平平，淋了整身，等到雨停之後，再經歷烈日曝曬，恐怕是另一個輪迴的蒸熟，真是命運多舛。

不知為何，小學那段看著雨中被壓扁的粽葉畫面，每年端午都會重新朝腦海襲來。也許是節氣恰好的緣故，偶爾陪著粽葉淋雨的，是那個時節早熟還帶著酸味的土芒果籽，被啃得光溜溜，像顆禿掉還淋濕的迷你獅子頭，看起來也很悲涼。

家裡不包粽子，我們吃市場「阿好」的粽子，仗著阿好就住在附近，還有點特權可以直接衝去她家取貨。一串串從大鍋起身的粽子，煮到粽葉濕潤而晶亮且呈現水氣飽滿的深邃古銅色，剛起鍋的熱粽子其實不好吃，放涼之後，帶點餘溫的口感最好。

厲害的水煮南部粽，米心要透，卻不過於軟爛，還保有黏度恰好的嚼感，水煮的時間跟火候的控制都不容易。餡料必定有香菇、栗子、鹹蛋黃、花生，比較特別的還會有一小塊魷魚。內餡的肉塊必然是肥瘦均勻，且不能是肉片，必須是塊狀，全瘦太柴，全肥又太膩，肥瘦達黃金比例，就完美了。

因為粽子本身的醬味滷汁都已潤進米心，也不必什麼甜辣醬調味。甜辣醬何時變成吃粽子必備，似乎不可考，我自己不喜歡，但看見他人非要甜辣醬不可也覺得無所謂，畢竟粽子養成的時空背景不同，可以理解。

有過短暫幾年，端午前後的餐桌上，會出現幾個鹼粽，沾白糖，或淋上糖汁，吃清涼。但也只有那短暫幾年，後來少吃，漸漸不買了，鹼粽以自然消失的模式從我家的端午餐桌引退。

可能是南部粽養成的小偏執，在外地吃過其他作法的粽子，只要看到外層粽葉乾硬，大概就不會輕易嘗試，嘗了容易崩潰，如果餡料沒有鹹蛋黃，肉塊沒有肥瘦均勻，也無花生，那就更洩氣。我也不愛粽子包菜脯，沒什麼特別理由，個人小偏執。

因此聽到有人發表南部粽要撒花生粉淋醬油膏的時候，可能是沒力氣了，也不想爭辯，但那是花生素粽，沒有包肉包香菇包栗子包鹹蛋黃，我們說那是菜粽，但是裡面也沒有包菜。最好的組合是一顆菜粽配一碗「豆醬湯」。啊，你們問，什麼是「豆醬湯」？其實是「味噌湯」。你們又問，那為何叫「豆醬湯」？不對不對，不是國語發音，是台語，豆．醬．湯。我家的習慣是週日早上吃菜粽淋醬油膏再撒花生粉跟芫荽，端午則是吃肉粽不撒花生粉不淋醬油膏，謝謝。

端午到了，各粽子門派養成的子弟信徒們，當然會出來捍衛自己的最愛，所以有人說，「粽子就是要包菜脯啊，你有什麼意見……」「南部粽軟軟爛爛的啊，當然北部粽才正統……」「但北部粽就是拿粽葉把油飯包起來，有什麼特別……」

說到這個，傳統台南米糕，如果需要外帶，可以請老闆用粽葉包起來，包成扁平狀，白色糯米飯上面鋪一層花生、魚鬆、醃菜頭或小黃瓜薄片，淋上滷汁，有時還可多加一顆滷丸。熱氣香味包裹在粽葉裡面溫存，回家之後攤開，彷彿美麗畫作定格，那是粽葉開外掛的會外賽實力。隸屬於糯米聯盟的，除了粽子、米糕之外，油飯當然也要出來刷一下存在感。

一切都是因為吃食養成的小偏執啊！味覺啟蒙也造就要命而無法妥協的偏見或者玻璃心，因此前幾天經過台北很有名的市場於是買了兩顆美食家推到爆的名店南部粽，剝了一顆，咬了一口，完了，這粽子披著南部粽的羊皮但骨子裡還是北部粽啊……糯米太硬，肉太柴，鹹蛋黃太乾，花生給的不豪邁，香菇沒有滷出醬油香氣，但一顆五十五元才真的讓人氣餒。

別理我，大家儘管去捍衛自己喜愛的粽子口味。我們終究要在端午這一天，讓粽子們各自與他們的信徒基於真愛而重逢，這才是民主社會過端午吃粽子的意義。沒有哪種粽子可以一統天下，也沒有哪種甜辣醬非要讓大家都喜愛。我們為了粽子一年吵一次，算不算以民主自由的甜美向端午致敬的心意呢？我覺得是。那麼，就南北和解相親相愛各自吃粽子吧！。

做菜是厲害的能力

「就算從蛋花湯開始學起也還不嫌晚。」

在臉書看到余尚儒醫師分享一個日本研究報告，提到煮飯燒菜可以預防「認知症」的發生，所謂認知症，也就是我們慣稱的「失智症」。

網站名為「認知症予防.net」，分享一些任何人從現在開始都可以做得到的預防方法。其中有一篇文章提到愛知縣從二〇〇〇年開始，以A町兩千七百二十五名無須照護的高齡者為對象，進行追蹤調查，到了二〇〇五年，有兩千一百人依然維持健康狀態，有兩百三十人則是因為出現認知症障礙需要陪伴照護。這當中又發現，擁有興趣嗜好的人，不易得到失智症的機率，是沒有興趣嗜好者的2.2倍；遇到事情會尋求對象商量的人，不易得到失智症的機率，是不尋求對象商量的人的2.2倍。至於會煮菜做料理的人，不易罹患失智症的機率，是「不會煮菜做料理」的人的3.3倍；「每天步行三十分鐘」或「不抽煙」的人，遠離失智症的機率，是不走路不運動，或有抽煙習慣者的1.5倍。

真沒想到，做菜竟然可以預防失智症。

做菜原本就是很複雜的身心勞動，從菜色挑選開始，就是一場作戰，不下於任何公司企業的行銷生產研發。除了大型宴席有大廚二廚之類的分工，需要事先擬定菜單，決定採購食材的細項之外，負擔家庭炊事的主婦也好、主夫也罷，哪個不是擁有短時間就要衝刺出一整桌菜色的本事。什麼食材，如何烹調，用什麼鍋，大火快炒或小火悶煮，配菜怎麼安排，用餐人數多少，數量如何拿捏，吃飯的人有什麼特殊要求，愛吃海鮮，或是愛吃紅肉白肉，什麼要清脆什麼要軟嫩，既要有經驗又要有瞬間下決定的能力，即使不是餐廳大廚，僅僅是負責張羅家人三餐的主婦主夫，從買菜開始，到備料烹煮擺盤上桌收碗洗盤，直到抹布擦拭最後一抹桌面殘漬，根本是整套戰鬥模式。席間只要有人嫌棄什麼不好吃，或僅僅皺一下眉，或什麼都沒說，只是嘴角「嘖」一短聲，對做菜的人來說，都是打擊，但打擊的挫敗感不能放任太久，下一餐來了，菜刀一下，鍋鏟拿來，又是戰役。

說得一口好菜，跟實際做出一桌好菜，難易度差很多，所以做菜是很厲害的能力，也是很好的腦訓練，一旦腦的思考能力退化，大概也是從不想做菜的這方面開始消極吧！當然，做菜給自己吃，壓力小，再難吃也得吃下去，但做菜給別人吃，壓力大，萬一失敗，沒人捧場，除非狠心倒掉，否則一人吃雙份、三份，或更多。然而奇妙的是，自己做的菜再如何難吃，也是有辦法心平氣和吃完，別人做的菜如果不合胃口，要吃下去真的很掙扎。

傳統家庭多數由妻子做菜，以前專職主婦多，也無薪水，除了做菜，還有洗衣清掃種種家事，當然也有先生掌廚的例子，除了興趣之外，說不定嫌妻子煮的難吃，或疼老婆，愛情原本就容易退燒，可以均分家事，說不定才是婚姻幸福家庭和諧的關鍵要素。

小時候靠父母張羅三餐，小孩長大有機會離家讀書工作獨立生活，非得自己料理日常生活不可，要餵飽自己，除了外食，有機會也要學著煮點東西，不只是普通三餐，有興趣的話，還可以學習甜點冰品，切水果打果汁，參考食譜嘗試義大利麵或紅酒燴牛肉，對於抒解生活或工作壓力與挫折感，料理確實有其療癒的功效。

我自己是喜歡動鍋動灶的人，喜歡逛菜市場，喜歡自己料理三餐，偶爾挑戰食譜，或張羅一桌菜請客。最費心的還是備料跟收拾，但只要想到有辦法做菜餵飽自己是一種能力，就會覺得那是重要的人生練習。

料理需要企劃的功夫，還需要實戰的本領，譬如熱鍋之前要先想好爆香的蔥薑蒜切好沒？水分瀝乾沒？否則這一灑下去濺出油花可就恐怖了。煎魚何時翻面才有辦法煎出漂亮的黃金恰赤，熬湯要如何用湯杓沿著水面撈出油泡，這可都是學問，一點都不簡單。

現在既然有研究顯示做菜也許可以預防失智症，那麼即使六十歲七十歲也不要認為有人伺候三餐才叫好命，就算從蛋花湯開始學起也還不嫌晚，畢竟，做菜真的是一場規格不小的腦部運動啊！

跟日本冷便當低調交往吧！

「不要拘泥於便當是不是『熱呼呼』
也算人生學習啊。」

台灣人不愛吃冷便當，只要不符合「熱騰騰」的標準，就是失禮的便當。所以車站販售的便當要想辦法維持溫度，一旦放涼，就扣分，非常殘酷的便當競爭規則。

最初，我也帶著偏見，就算日本車站販售的便當擺盤配色如藝術畫作那般迷人，一入口，唉，冷的，好像瞬間被澆了一盆冷水。偏見作祟，什麼滋味都吃不出來，只管跟便當冷菜嘔氣。

就好像台灣人也嫌日本拉麵湯頭太鹹一樣，飲食習慣隔閡實在是難解的偏執。但為何日本人可以接受冷便當？雖然車站便當賣店最近也擺出微波爐陣仗，可是吃不加熱的冷便當好像也沒關係。

之前讀漫畫《孤獨的美食家》，讀到主角「井之頭五郎」有一次搭新幹線，買了那種拉線瞬間加熱冒煙的便當，心想，可以吃「熱騰騰」的便當，感覺應該不錯吧！沒想到，坐定位，拿出傳說中的冒煙便當，一扯拉線機關，果然像個沸騰的小鍋爐，不僅冒出白煙，還噴出便當菜色的氣味，這時候，五郎反倒感覺尷尬，不只對鄰座陌生人不好意思，感覺整個車廂的乘客都知道他即將吃什麼口味的便當，便當加熱的幾秒瞬間，恨不得在疾駛列車內挖個地洞，躲起來。

原來如此啊！總算知道一些冷便當的用意了。

以前手機還未盛行之前，多數日本人習慣在電車上閱讀文庫本，閱讀是隱私，為了不讓其他乘客知道自己正在閱讀什麼書，買書結帳時，都會要求書店用包裝紙折一個書套，店員折書套的功夫也非常厲害，但之後為了環保，如果在書店結帳時，跟店員表明不用書套，店員還會鞠躬道謝，「感謝您對地球的愛護」，至少我在紀伊國屋新宿東口店和淳久堂池袋店都被這麼感謝過。

既然，閱讀文庫本要隱藏書封，在車廂內吃便當，最好不要讓氣味干擾其他人，這是日本人非常介意的禮節吧！要符合禮節標準，好像只有冷便當才辦得到。

剛起鍋的菜色，氣味最飽滿，靠得是嗅覺吸引人的本事。放涼之後，氣味就收斂了，想要品嘗滋味，靠的是咀嚼的功夫，食物在唾液之間慢慢加熱溫潤之後，就能徐徐散發出烹調當時的原味。

第一次嘗出冷便當的滋味，並不是在行駛的新幹線上，而是某次旅行，從即將打烊的百貨公司地下美食街帶走一款特價便當，回到商務旅館房內，也沒加熱，就這樣配著冰啤酒，完食。那是這輩子第一次吃到冷便當的好滋味，從此之後，在日本吃冷便當完全不成障礙，在東京巨蛋看球賽也吃冷便當，吃得津津有味。

各樣菜色之間，以便當盒格子區分開來，或即使沒有格子讓他們的味道各自安妥，也會放在類似杯子蛋糕那樣的小薄紙容器各自歸位，將日本料理小缽小盤的概念濃縮在便當盒之中，是很厲害的概念。

吃日式冷便當的訣竅就是「細嚼慢嚥」，而且要遵循「不放過任何一品」的精神，就算只是小份量的醃漬醬菜，都是心意。

冷掉的米飯尤其特別，入口瞬間雖有點乾，但是仔細咀嚼，跟唾液慢慢融合，米的香氣就自然而然在齒頰之間舒舒服服地擴散開來，直到最後一口飯收尾，都維持那樣的驚喜。

拿到「柚木麻子」的小說《午餐的敦子》時，封面那個在白飯中間埋了一顆梅子的便當，讓我會心一笑，舌根唾液好像滲出梅子酸味。

主角是出版社幹練的女上司「敦子」，以及派遣社員「三智子」。敦子每週五天固定在五個不同的店家外食，三智子則是自己帶便當，在敦子的提議之下，決定進行一週的午餐交換計畫。每天早上，三智子必須將親手作的便當放在上司敦子的抽屜中，敦子則是把外食店家的住址跟地圖以及午餐費用放在信封裡面，交給三智子。

第一天，因為倉促提出交換的構想，加上三智子還在失戀的挫折裡，表現在當日便當的菜色之中，「只有羊栖菜、馬鈴薯燉肉、什錦豆、加上隨便塞進去的白飯，便當的整體色調非常黯淡，宛如三智子現在的心情。」

沒想到，敦子卻說，「我太驚訝了，從來沒吃過這麼好吃的便當……跟我母親的味道很像，不過她已經在三年前過世了。」

正式交換午餐的週一，三智子提供的便當有「炸蝦、炸肉餅、迷你鮭魚干貝焗烤、馬鈴薯沙拉、炒蓮藕絲，加上野菇拌飯」。三智子說，就算是給前男友準備的便當都沒有如此豐富豪華。至於敦子與她交換的午餐外食，則是一家隱身在辦公大樓的咖哩飯。為了回饋好吃的咖哩飯，以咖哩為靈感，週二的便當就做了「乾炒咖哩、醃黃瓜、優格沙拉，還有蜂蜜薄荷口味的涼拌鳳梨」，可是敦子卻說，這樣的便當真的太誇張了。

於是週三的便當又回到日式家常風，用的是「冰箱裡的剩菜，加上滷油豆腐跟四季豆，玉子燒，還有照燒青魽」。

到了週四，三智子替敦子準備的便當菜色則是「海苔白飯，配菜有檸檬口味的燒地瓜、玉子燒、薑燒肉片，以及茄子、小黃瓜、蘘荷等蔬菜切成薄片，加上紫蘇和鹽巴醃漬的京都大原柴漬」。

來到週五，午餐交換的最後一餐，便當菜色是「梅子小魚拌飯，搭配豆腐堡、炒蘿蔔絲、青花菜拌柴魚片，加上甜煮紅蘿蔔」。

讀著小說，想像這些便當在放涼之後的辦公室午餐時間，被敦子打開來享用的光景，果然，不要拘泥於便當是不是「熱呼呼」也算人生學習啊，畢竟飯菜擠在餐盒空間裡，隨時間經過自然冷卻就是免不了的宿命，勉強保溫加熱，有些菜餚的顏色與生氣都凋萎了，就算保住溫度，但口感已經不是剛起鍋當時的水準，雖然餐盒因為保溫而有白色霧氣，可是看起來好像是熱中暑，昏了。

隔些日子，讀了日本知名時代小說作家「池波正太郎」的隨筆《昔日之味》，寫到他熟悉的一家位於品川的外送料理店「若出雲」的便當，「打開盒蓋，**看到裡頭菜色的那一刻，已經大致知道這個便當會有多好吃了。**」

池波先生認為，便當的製作難度很高，畢竟料理做完之後，歷經好幾個小時，客人才會食用，因此製作便當時，從食材選擇、烹調方式與客戶類別，都要仔細考慮，要付出高於其他料理好幾倍的心思，在用餐人打開盒蓋的瞬間，食物必須看起來新鮮且有辦法勾起食慾才行。

這些年，逐漸學會跟冷便當低調交往了，沒什麼入口濃烈的熱情，只要慢慢咀嚼也就懂得對方的心意。冷便當，其實沒有那麼冷漠啦！

渴望一間療癒寂寞的深夜食堂

「有些時候去吃東西，不純粹是餓了，而是渴望被款待。」

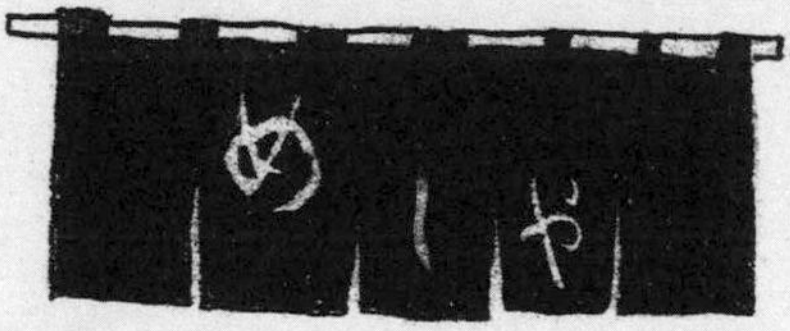

多年前，住在東京都豐島區江古田的學生宿舍時，只要是入夜之後返家，都會發現宿舍隔壁有一間小食堂的紅色燈籠亮起，小小面積不到幾坪，食堂老闆料理烹煮的L型吧台，以及面對吧台大約七、八張椅子，看起來是熟客的空間，我只能在路過的時候透過藍底白字門簾下方的門縫偷窺，食堂內總是「滿員」狀態，有些客人甚至端著透明玻璃杯站著，跟店內老闆或客人聊天，交談的笑聲，連路過的行人都清楚聽到。

如果是傍晚時刻，掛著「準備中」的食堂會飄來熬煮高湯的柴魚香氣，店內牆上也看不到菜單，應該是老闆隨性的「腕料理」。會光顧這家小店的客人看起來都是鄰近的住戶，或穿著西裝大衣的男性上班族，喜歡喝一盅溫過的清酒搭一些小菜的歐吉桑等等。可惜直到畢業，我都沒膽量推門進去，畢竟店內空間好小，就這樣闖進去，應該很尷尬吧！

回到台北之後，終於在錦州街發現一家食堂，雖然不是深夜營業，可是老闆一人站在吧台後面料理各種菜色，店內牆上貼滿老闆親自用黑色奇異筆書寫的菜單，老闆自己就是個頑固的廚師，討厭被媒體報導，喜歡熟客跟熟客介紹來的新朋友，生意剛好就可以。

幾年下來，被我幻想成深夜食堂的小店從錦州街搬遷到民權東路，沒想到我也變成熟客了，最喜歡料理吧台前方的座位，坐下來也不看菜單，叫了啤酒或清酒之後，隨便老闆出菜。

「今天有新鮮的京都茄子，那就吃味噌烤茄子吧！」

「晚上天氣冷，吃咖哩烏龍麵吧！」

「給妳留了toro最棒的部位，沾這個醬油，我自己私藏的！」

「哇，早上進了東京灣的鰺魚（あじ），嘗嘗看吧！」

吧台座位常常出現幾位到台灣「單身赴任」的日本上班族熟面孔，也有傳聞中某某企業駐台社長，也經常看到白髮日本歐吉桑帶著愛人來吃宵夜。年末的時候，老闆還會貼心準備一人份的日本年菜，對許多人來說，老闆的料理療癒了部分的鄉愁，有時候去吃東西，不純粹是餓了，而是渴望被款待。某些時候有工作上的挫折或面對莫名其妙的低潮，並不是想跟吧台內側的老闆發牢騷，只是聊些無關緊要的事情，譬如店內NHK正在播放的野球轉播或新聞話題，那些爛情緒就平復了，很奇怪的療效。

很難懂嗎？這種食物療癒的力量，不光是味道，還有小食堂昏黃燈泡的色澤，店內的笑聲，和不斷飄散出來的烹煮柴魚高湯的香氣……

「安倍夜郎」一定深知這種藉由食物療癒情緒的超能力，他的作品《深夜食堂》完全撩起深夜寂寞的食慾，食物雖然是主題，但食堂來來去去的人生竟也充滿深邃的醍醐味。因為在網路上面看過電視版的食堂老闆由小林薰飾演，所以看書的時候，也就自動幫漫畫版的老闆替換了面孔，甚至去了錦州街那家頑固老闆的店，也忍不住想像從裡面走出一位小林薰，幫我做了熱呼呼的蛋包飯。

我讀這系列漫畫或看電視劇集時，會忍不住想去模擬烹煮同樣的菜色，不管是鹽烤秋刀魚，雞蛋三明治，調味醬炒麵，還是馬鈴薯燉肉。小熱狗也要雕成可愛的章魚形狀或像盛開的小紅花；如果家裡有熱騰騰的白飯，只要抓一把柴魚片、淋少許醬油，就變成深夜食堂的「貓飯」。吃著自己手做料理的時候，會想到萬一將來落魄到沒辦法靠寫作維生時，或許可以開個小食堂，當個安靜聆聽客人心事的廚子，「今天有好吃的炒米粉喔！」「剛好有一鍋麻油雞，要不要來一點！」而櫃子上應該可以放一台小型收音機，播放著台語歌〈走馬燈〉，如果附近派出所剛好有一位警察長得像小田切讓，那就更棒了。

「下班後的深夜，總有個地方等著你光臨，吃飽了，心暖了，明天也請繼續加油……」

我們都渴望一間療癒寂寞的深夜食堂，能夠在疲累的一天結束之前，適時出現在回家途中的轉角，那就勇敢推開門，一位小林薰模樣的老闆一邊低頭作菜一邊招呼，歡迎光臨～～！

情熱荷爾蒙

「總之先來一串牛舌，再來兩串肥腸，
如果有雞皮或豬肝也各來一份……」

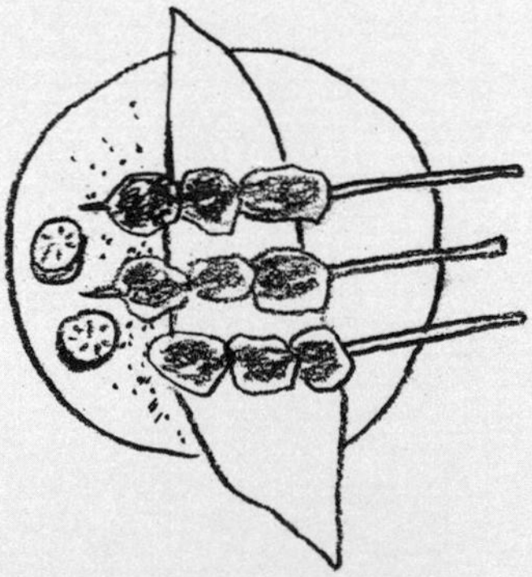

我習慣投宿的東京池袋商務旅館附近，有不少餐飲店聚集，早上我穿過這些可能營業至凌晨的水酒飲食街廓，偶爾見到喝到爛醉的男女綣縮在路旁，可能是快要吐了或是剛吐完，也有歪歪斜斜衝到路中央攔計程車，司機們都很鎮定，等他們拉拉扯扯鬧完了，關門，按下計費器，安穩踩下油門，好似這一切脫序都恢復原狀。

這當中也有一些午餐時段開始營業的拉麵定食或中華料理，上午九點前後已經陸續在熬煮高湯，在前往池袋車站的途中，聞著昆布、柴魚、醬油的高湯氣味，加上前一晚灑落路旁的酒精殘留，每每覺得，這大概是池袋北口這周邊之所以讓人擔心卻也相對生猛的特調風味吧！

而之中常讓我忍不住會心一笑的風景，是一棟豔麗鮮紅外牆，寫著「情熱ホルモン」的三層樓餐館，而距離這棟火辣熱情的餐館不遠處，另有一棟全黑的建築，寫著「和牛ホルモン 一頭買い」。我很喜歡這兩間店對

尬的氣勢，他們主打的料理都是內臟，日本人稱內臟為荷爾蒙，以片假名「ホルモン」作為文字表現，感覺很洋派，但其實就是內臟。我常常站在街邊看著這兩間店的外牆，想像那些吃了會熱情如火且膽固醇飆升的內臟，甚至是整頭買來的和牛內臟，該如何替苦悶的東京人打氣呢？串烤的各色內臟，配上冰涼啤酒或顏色鮮豔的飲料，如果搭上同事好友之間那種吵鬧白爛的情緒炸裂就更合適了。總之先來一串牛舌，再來兩串肥腸，如果有雞皮或豬肝也各來一份……什麼後果都不計較的任性，先狂放墮落再收拾殘局，類似悲壯還帶點憨膽，總之，豁出去了。

以前我很好奇，不管是日本傳統市場還是超市，賣的幾乎都是處理過的肉片或肉塊，甚至很少看到完整的雞腿或豬腳，也幾乎沒有販售內臟。後來我看了《和新井一二三一起讀日文……你所不知道的日本名詞故事》，寫到她小時候和家人去燒烤店吃內臟根本是偷偷摸摸的事情，在一九七〇年代，吃「臟物」不能明講，只能說去吃「物」，「物」是「臟物」的隱語，畢竟多數日本人忌諱吃內臟，有些專賣臟物的店家甚至謝絕兒童，直到一九八〇年代，串燒豬下水等內臟類，才改名「ホルモン」……荷爾蒙，各車站附近擺著炭爐賣串燒的攤子或小館子紛紛掛出「荷爾蒙燒」的旗子。新井一二三說，「現在連良家子女都可以公開在燒肉店吃牛肝、牛舌、牛腸等荷爾蒙了」，不過一般家庭主婦還是很少在家裡處理內臟類。

台灣人倒是很愛內臟，早年甚至有吃內臟補身體的市場傳說。如果是一大早，市場人潮還未出現之前，豬肉攤通常都可以看到整頭從屠宰場運來的豬就仰躺或趴在攤子上，豬肉販開始利刀支解，帶皮的三層肉、里肌肉、梅花肉整齊分類平放，一根一根排骨肉以釘鉤掛著，豬肝豬心豬腰豬肚豬腸沿著側邊掛一排，脂肪部分就切成小塊賣給客人炸豬油，豬頭與豬尾豬腳豬蹄就掛在第一排最顯眼的位置，當成新鮮溫體肉的活廣告。

小時候我和母親上菜場，身高恰好直視攤子前方的豬頭，每每看著豬肉攤老闆扶著豬腳，拿鑷子拔豬毛的模樣，老覺得恐怖，想像那是命案現場，不敢直視。

可是母親很會做內臟料理，醬油炒豬肝，香菇雞翅燉豬腦豆腐，四神豬肚湯，麻油炒豬腰子……除夕夜或七月拜拜，還會滷豬心豬肝豬舌，滷到湯汁收乾，帶著琥珀色澤與恰到好處的焦香味，非常好吃。我讀國中高中那六年，母親常常幫我準備的宵夜是波菜雞心雞肝湯，小鍋恰好兩個飯碗的份量，放在瓦斯爐上，溫書到夜裡，自己熱來吃。

我小時候也跟新井一二三一樣，到外頭類似「飯桌」那樣的小吃攤用餐時，看大人點「下水湯」，很想要來喝幾口，但大人說小孩不能吃，可是那腰子雞胗的刀工切花十分厲害，下水清燙一下，真的開出花來，滴幾滴麻油米酒，捏一把薑絲，大人總說，滋味好極了。因此我長大離家讀書，終於有機會在淡水山下的麵攤點了下水湯來吃，果然鮮甜，恰到好處的熟度，過生或過熟都不好，下水湯應該也需要料理經驗當靠山才行。

母親也擅長燉煮人參豬心，人參切片之後，塞進豬心裡，可能還摻了紅棗或黃耆，用厚實的瓷盅密蓋，外鍋放水，爐火上面「摳摳摳」，一、兩個小時的慢火功夫，燉好之後才切塊，四個小孩均分，偶爾父親也有一碗，母親倒是從來不給自己留一些，頂多喝兩口湯。

如果是家裡有客人或孩子聯考之前，就會來一盤麻油腰花。豬腰子的處理很麻煩，要分幾次熱水快燙，還要冰鎮，去除臭腥味，也可增加彈牙口感。下鍋快炒的熱度跟速度都得配合得恰到好處，同樣是過生或過熟都不行。腰子本身沒什麼味道，純粹靠麻油跟老薑提味，但腰子要兼具恰到好處的脆和嫩，不容易，我自己沒有處理麻油腰花的功夫，在外頭攤子吃，也覺得不及母親煮的好。

倒是有些賣米粉湯的大鍋裡，煮著各種內臟，煮到軟爛熟透，切盤之後，淋上醬油膏，配些薑絲蔥花，或在盤子邊緣抹一小湯匙芥末，那樣的內臟也很迷人，但內臟的美味其實都到米粉湯底了，也算是精力燃燒之後的鞠躬盡瘁吧！

因此我在初春尚有涼意的池袋街頭，看到「情熱荷爾蒙」的招牌時，感覺自己從小到大對於內臟料理既有畏懼又有美味糾纏的愛意，想必也是在體內累積了足夠的熱情吧！

漢字「情熱」加上片假名「ホルモン」，看起來頗有文學意境，還有點時髦的洋味。倘若在小店牆上的菜單寫著「熱情內臟」或一整個兩層樓外牆用大字寫著「燃燒吧，內臟」「燃燒吧，荷爾蒙」，怎麼看還是會覺得用力過猛吧！文字表現果然有很多想像空間，就好像周星馳電影提到的雜碎麵，也是下水或內臟的同義，但聽起來就微妙極了。

熱炒海產攤之所以無法孤單的理由

「不管聚會的名目是什麼，只要開場熱身的啤酒一下肚，就爭相說起老闆主管壞話。」

最早認識的熱炒攤，家人說那是「海產擔」，晚上才會出來做生意。那時台南東門城外的長榮路還未拓寬成路，出城之後，東門路左轉東安戲院還是一條小路，傍晚時分，約莫在忠泰文具店前方，海產擔會展開做生意之前的熱身，循序擺上一口熱鍋，一桶瓦斯，幾張折疊桌，幾個圓板凳，推來一個附帶輪子的半開放式冰櫃，鋪好滿滿的碎冰塊之後，再把當日準備的食材整齊排在碎冰上面，有魚、有蝦蟹、有貝類、有魚卵、有涼筍……海產的排列方式看得出老闆個人的美學與做生意的手腕，魚身往往隱入碎冰裡，露出魚頭，對饕客拋媚眼，彷彿大聲嚷嚷，「選我選我！」

黃昏暮色裡，以海產擔為軸心，開始往外飄散氣味的懸浮粒子，混雜著啤酒的酸苦味和壽司的醋味，哇沙米的嗆辣，還有醬油蒜頭爆香熱炒的烏醋味。可惜我們家並沒有在那海產擔吃過什麼，倒是外帶過蛋包飯，在那個還沒有紙餐盒或保麗龍餐盒的年代，用的是傳統薄木片材質的長方形扁平盒子，也無蓋子，而是覆上單張薄木片，橡皮筋紮緊，保溫效果不錯，現在某些復古便當盒回頭用薄木片當作特別款，吃懷舊的氣味。

早年府城路邊做吃食生意的小攤很多，當時民族路入夜之後變身繁華街的景色大抵是這麼來的。政府開始整頓違法路邊攤之後，這類海產熱炒攤也就逐漸有了店面，但是桌椅座位多少還是佔據人行道，下雨或天冷就另搭塑膠棚，夏夜就保持露天也好盡興。以前台南林森路有天黑之後強強滾的阿財海產熱炒，阿財搬走之後，陸續進駐的熱炒店來來去去，竟也慢慢有了群聚效應，甚至出現南洋風味熱炒，加上原本就有的羊肉老店，日式燒烤居酒屋，學生族群熱愛的燕喃水餃，以及衛國街口的刀削牛肉麵，默默畫出城外的吃食版圖。不是太熱鬧卻也恰好維持入夜之後的人潮喧嘩，下班之後結伴說老闆同事壞話的上班族客人尤其多，天熱的時候吃羊肉爐海鮮鍋配冰啤酒的好像也不少，形成生冷不拘的豪放庶民風。

早年的熱炒攤往往沒有菜單，沒有定價，從碎冰塊之中挑魚的時候，要有理智還要有盤算，往往跟店家鬥智就在那當下。中意的魚多少錢？老闆跟你說一兩多少，不會跟你說一尾多少。該清蒸？該抹鹽乾煎？還是做成糖醋？或烤過之後撒胡椒鹽？光是說那一口烹調手法就讓人對上桌的那尾魚充滿想像。也有挑過碎冰堆裡冒出個魚頭，預估整尾魚也不至於太碩大，沒料到上桌之後比人臉還大，結帳算錢的時候簡直要崩潰。

吃熱炒總要配個炒飯炒麵炒米粉或是炒烏龍，如果點了炒蟹，那就添一把粉絲把炒蟹的醬汁吸飽，這裡的粉絲當真是可以吃的粉絲，有說冬粉或是日本人說那是春雨。

還在企業體上班的那幾年，工作伙伴也常相約去熱炒店慶祝同事升遷，或調職離職送行，或美其名為陪伴療傷，不管聚會的名目是什麼，只要開場熱身的啤酒一下肚，就爭相說起老闆主管壞話。那時去過大安森林公園還沒出現之前的新生南路吃燒烤兼熱炒，如果去陽明山六窟或七窟泡溫泉就順便吃個山產熱炒，或下山直接衝去天母忠誠路的啤酒屋，有一陣子還流行下班之後直衝八德路監理所旁邊吃熱炒。最難忘的一次是昔日大學社團同學一吆喝，幾部計程車去了承德路或重慶北路或某條後火車站周邊的路，總之，一個熟客才知道的路旁熱炒攤，無招牌無店面，菜色究竟有什麼，已經不記得，唯有那時大家也無酒精助興卻以往事入味，也不管畢業幾年了，幼稚得像一籃未熟的青蘋果那樣搶食搶話，十幾年經過，再問起當時那間熱炒攤子，沒人記得究竟在哪裡。

大概是熱炒無法一人成行，非得揪人不可的規則使然，與熱炒相關的吃食記憶總是喧鬧不已。如果是一個人，也只能點個炒飯或鮮魚湯外帶之類的，至多再炒盤空心菜吧！

即使面對熱炒攤子那個碎冰塊佈下的決鬥道場，我中意的菜色往往侷限於那幾樣，清燙鳳螺或軟絲或蝦子，只要夠新鮮，沾哇沙米醬油膏或蒜頭醬油就很好吃。如果是筍子的季節就來一盤沙拉涼筍；炒蚋子或海瓜子是一定要的；清蒸淡菜或小章魚搭五味醬分著吃才妥當，一整盤完食就過量了；魚腸內臟若是懂得烹調那還真是美味；三杯中卷最後提味的九層塔大概可以清盤；魚若新鮮就儘管清蒸或煮湯，做成糖醋就可惜了。青菜是熱炒店雖不起眼但絕對重要的角色，店家最愛推薦炒箭筍或龍鬚菜，如果是山產店就會主打山蘇，但空心菜絕對是關鍵，炒得好吃就算箇中強腕。偶爾我也喜歡麻油炒腰子，另外請店家下一些麵線來收麻油湯汁，那還真是美好的收尾。

同行的朋友總有人想吃菜脯蛋或鹹蛋苦瓜，或開外掛加點九轉肥腸或五更腸旺，吃著吃著，都快要跟所謂的合菜餐館展開跨聯盟友誼賽了。果然晚近就當真有了百元熱炒店的興起，只是少了可以挑海鮮的碎冰塊決鬥場，跳過主客心理戰的舞台，就少了些趣味。

熱炒海產攤之所以好吃，完全是揪人的熱鬧與話題使然，店內各桌人馬嗓門特大彷彿賽馬場，因此說了什麼人的壞話還真是淹沒在喧囂之中，說過就煙消雲散了，沒人記得，純粹圖個精神勝利法的小爽快罷了。唯獨一個人吃熱炒是有難度的，非得揪人不可，揪了人，就容易開心，任何悵然或煩心，也就暫且擱下了。

餐桌是和解的原點，從橫山家到海街日記

「情緒爆炸時，有辦法坐下來吃頓飯，應該就沒問題了。」

我對「是枝裕和」的電影作品，有絕對的私心，我太迷戀他電影裡面關於家的日常，廚房的油鍋，餐桌的碗盤，榻榻米上面的光影，踩著木頭地板咚咚咚的聲音，以及，許多食物的味道。

食物跟電影，有共通的語言，而戲劇和小說，也有不必翻譯的共用詞彙。是枝裕和導演在他所書寫的文章裡面，曾經提到早期編導作品常被歸類為「社會派」，而且他自己也坦承如此。將類似奧姆真理教、東京發生的兒童棄養事件、九一一等世界各地發生的恐怖攻擊，以及因為這些事件的發生所瀰漫全世界的「懲兇」心態，想辦法將那些因反感而衍生的「復仇」故事拍成電影。

但這樣的態度在他母親過世之後所拍攝的電影《橫山家之味》，有了非常巨大的改變，絲毫沒有「社會性」，而是很「日本式」的私我話題。法國代理商看過電影之後大為失望，認為「太家庭化」「地方色彩太濃了」，直言歐洲人無法理解。是枝裕和本人倒是覺得無所謂，「無法理解就無法理解」。沒想到電影到海外播放之後，卻完全顛覆了代理商的預料，在西班牙電影節放映結束時，有個晃著啤酒肚、留著漂亮鬍子的大男人靠過來對他說，「**你怎麼知道我母親的事？**」（是枝裕和．《宛如走路的速度》）

從《橫山家之味》《奇蹟》《我的意外爸爸》到《海街日記》，大抵都維持著地方色彩濃厚的家庭風格，幾幕家人圍著餐桌吃飯，七手八腳在廚房烹煮，家人遞送碗筷餐盤的樣子，即使是餐後打理乾淨的廚房水龍頭因為沒有旋緊而滲出來的水滴，都讓我看到某部分自己和家人互動的影子，因曾經因為某句台詞出現時，會在內心小小驚呼，不會吧，這對話在我家也出現過！

所以，餐桌與廚房，是家人和解的原點，情緒爆炸時，有辦法坐下來吃頓飯，應該就沒問題了。至於日常，則是最讓人有所共感的戲劇元素，我之所以迷戀戲劇之中的日常，可能是因為自己不擅長處理衝突或無法輕易抹去內心的芥蒂，維持日常雖是閃避的方法，但同時也遞出和解的橄欖枝，看起來是不錯的手段，但這手段通常沒有刻意的企圖，純粹是天性，家人之間的繫絆使然。

《橫山家之味》的廚房就是那麼有趣的地方。阿部寬飾演的次子，帶著妻子和妻子與前夫生的小孩，剝著玉米粒，母親樹木希林將剝好的玉米粒沾了麵糊下鍋油炸，玉米粒飽滿的水分猶如小型炸彈一樣，嗶嗶啵啵，從油鍋表面飛彈起來，母親拿著漏杓與長筷子猶如士兵拿著武器與盾牌一樣，那模樣實在很可愛。

晚餐外叫鰻魚便當那又是此片最經典的情節，無血緣關係的爺孫，卻因為小男孩不敢吃湯裡的鰻魚肝，飾演爺爺角色的原田芳雄，先是舔了自己的筷子再去夾碗裡的鰻魚肝，是枝導演說他相信原田芳雄本人絕對做不出這種事情，但是以劇中那位嚴肅老醫生的個性，「**我覺得這個男人會做，**

我認為這樣的矛盾很有趣。」（是枝裕和．《宛如走路的速度》之〈關於原田方雄先生〉）

這段情節的經典之處當然不是吃鰻魚肝之前那個舔筷子的細微動作，而是夫妻因為一首歌開始鬥嘴，雖沒有直接對嗆翻臉，隱約還是爆了長年以來在妻子心中對於丈夫偷情的疙瘩，不過一切都沒事了，畢竟一起吃了那麼多年飯。

《海街日記》四個姊妹位於鎌倉老房子的廚房裡，也出現油鍋滾燙的嗶嗶啵啵聲音。大姊綾瀨遙和二姊長澤雅美在廚台之前穿梭，換位置，鏡頭雖沒有拍攝到食物，但是從她們一邊對話一邊移動的肩膀手臂，彷彿嗅到油炸的香味，簡直不可思議。

三姐夏帆替小妹做了海鮮口味的咖哩飯；「海貓食堂」阿姨為她們做的定食，還特別託了小妹外帶前一次二姊沒有吃到的竹莢魚南蠻漬；四姊妹在家裡一起吃吻仔魚蓋飯；還有咖啡館老闆請小妹和足球隊同學吃的吻仔魚夾土司……最甜美的應該是釀梅酒的情節，梅子酒，酸或微酸，濃或淡一些……對了，即使只有短暫一瞬，我也記得大姊問小妹，喜歡吃的荻餅究竟是吃得到紅豆與糯米顆粒，還是沒有顆粒的呢？

鎌倉所在的車站場景，會讓人想起日劇《倒數第二次戀愛》的「小泉今日子」與「中井貴一」邊走邊吵嘴的情節。我原本看到選角的新聞，以為綾瀨遙和長澤雅美的大姊二姊排行應該相反吧，可是看過電影之後，覺得兩個人的角色這樣安排其實更好。香田家的姊妹之間既能爭吵又能和解，是家人關係之中最可貴的天賦。什麼時候有心事，什麼舉動該是失戀了，浴室出現不明爬蟲類的時候，誰就能拋下剛剛吵架的憤怒，立刻衝去排除狀況，這些看似普通的日常，卻是是枝裕和最擅長的功夫，我在「小津安二郎」和「山田洋次」的電影裡，也發現這種普通日常的強大後座力。

我們都希望家人關係是美好的，符合世俗定義的「正常」，但是建立家庭關係之前的婚姻卻有愛與不愛的門檻，結婚當時的愛情，生小孩當時的愛情，最後如果出現更想追求的愛情而放棄因為愛情關係而產生的家庭時，那就沒辦法永遠幸福了嗎？

也許，跟不完美不幸福的抱怨比較起來，我們更需要在不完美之中找到幸福的解決方案吧！一直覺得，是枝裕和的電影，有類似修復功能的按鍵，因為不夠圓滿，所以努力開發圓滿的另一種格式，並且快樂去面對，將幸福的詮釋權拿回來，旁人就不要囉唆了。

長大之後，這些女孩們總有辦法理解，對父親或母親的怨恨，只要站上看得見海的山頭，大聲吼一吼，就好了。縱然有誰曾經對不起誰，可以在廚房一起料理，切切洗洗，端盤或試味道，能夠坐下來一起吃頓飯，那就是和解的原點。我猜想，是枝裕和導演的用意大概是這樣，改編成電影的原著漫畫作者「吉田秋生」，應該也這麼想吧！

3.

小點 & 配菜

也是鄉愁格式的台南滷丸

「滷丸，不是魚丸，也不是貢丸。」

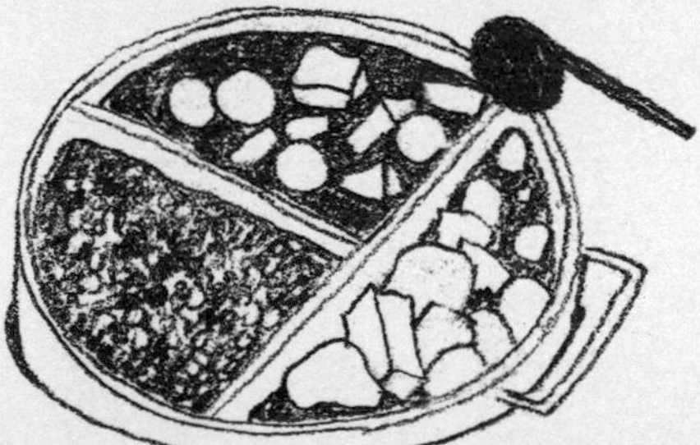

關於滷丸存在的意義，其實是在離開台南生活之後才意識到的事情。就形體和口感而言，相較於其他知名的台南庶民小吃，滷丸甚至不容易被深刻記得，也因為南來北往的移動並不是太困難的事情，時間與路程不至於構成隔閡，反倒是歲月遺忘的速度才叫殘酷，不管是味道還是記憶。都一樣。

之所以經歷多年的異鄉生活之後，才逐漸意識到滷丸的難以相逢，可能是在台北外食的場合，甚少發現滷丸的選項，這種不易察覺也就不易被想起的稀薄存在感，難免寂寞。

國中時期，學校福利社位在游泳池旁邊一個鐵皮搭建的地方，因為母親每天中午會騎腳踏車親送熱騰騰的便當過來，所以我對福利社販售的食物種類不太有印象，唯獨滷丸這一味，特別難忘。可能是一塊錢或兩塊錢一顆，可以放在麵湯或米粉湯裡，跟滷蛋一樣的意思，也可以單買，用竹籤串起來，帶著走。

當年還要全校排隊進操場參加升旗典禮，我是容易中暑的體質，尤其星期一早晨的週會，教官或老師訓話或校外來賓演講，大太陽底下站久了，眼前一黑，立刻蹲下來，導師就要旁邊的同學帶我去保健室。其實跟同學走到操場陰涼的榕樹下，狀況就好了大半，到了保健室門口，完全沒事了，也沒必要去麻煩護士阿姨，於是慫恿同學一起去福利社，各自買一顆滷丸，坐在游泳池前方的階梯吹風，默默吃過滷丸之後，把竹籤插在花圃裡。

從此，滷丸跟我有了革命情感，那情感記憶的拼圖裡面，還包括游泳池階梯的風，以及直直插在花圃的那些帶著滷丸餘味的竹籤，這些元素套裝起來，成為青春期最微弱的小小叛逆。

然而，滷丸在台南的日常吃食陣容裡，完全展現低調不奢華也不搶版面的性格，街頭巷尾那些做麵攤或飯桌生意的店家，彷彿鎮店神主牌存在的那一鍋肉燥裡，滷丸跟同班同學滷蛋與油豆腐一起被小火微溫烹著，或偶爾冒出頭來，或憋氣悶在滷汁裡，照例是可以用長柄湯匙挑出來湊成小菜一碟，或米粉湯加一顆滷丸，肉燥飯加一顆滷丸，白飯「攪鹹」再加一顆滷丸的組合搭檔，也可以單獨一顆，但是端上桌的心意跟氣勢也不馬虎，總是醬油瓷碟，一顆滷透的滷丸，以及滷丸自然溢流的滷汁，一小碟，藝術畫作那樣，兀自飄散著方才與滷鍋一併溫存的香味，也像剛出浴的泡湯客，全身冒著氤氳的溫泉水氣。

滷丸的鋒頭似乎比不上滷蛋，滷蛋越滷越堅硬越烏黑，滷丸則是毛細孔全開吸飽滷汁精華，咬下瞬間，滷汁甘醇的醍醐味像擠海綿一樣緩緩滲出來，猶如滿肚子的誠意，一次跟你坦白。

也因此在台南吃麵吃米粉湯吃米糕的時候，老闆順口問了，「加滷蛋還滷丸？」我總也是順口就回了，「滷丸」。老闆又問，「加進去嗎？」這時候也是隨口就選擇加進麵湯或米糕或純粹是想要看到滷丸在醬油瓷碟的藝術表現，隨當時心情就跟老闆一搭一唱，彷彿某個吉本興業諧星團體未經演練就說出漂亮的段子那樣。總之，我跟滷丸之間，形塑了一種彼此心領神會的默契，任何形態的交往都可以。

也許是因為這種彼此可以理解的相處默契，遇見了，就好像沒分開過，分開久了，也相信總會再遇到。跟滷丸之間，明明是很普通的吃食交情，卻有了類似村上春樹小說那樣淡如水卻回甘的情感紋理。

然而，滷丸也遇到了地域城鄉的辨識障礙，總有人問我，滷丸是什麼？什麼樣的原料做成？吃起來是什麼樣的口感？或者，滷丸到底是什麼東西？對於一直熟悉的滷丸，突然被要求定義，瞬間就遲疑了，陷入沒辦法精準描述的苦境。

滷丸，不是魚丸，也不是貢丸，魚丸或貢丸滷過之後，較硬，較紮實，可是滷丸也不是吸飽滷汁之後就軟遢糊爛的體質，還是會維持某種夢幻比例的軟硬適中嚼感，如果說那是一種球狀的黑輪。應該就很具體了。

每次搭乘高鐵返抵台南，再轉搭接駁車進到市區下車之後，照例要先到東門路的大榕樹附近，先吃碗粿配魚丸湯，或吃米粉湯或米粉羹，外加一顆滷丸，以此作為返鄉的第一道問候，類似開門之後大叫一聲，「我回來了！」

而每次要離開台南，也會在接駁車附近外帶一盒米糕外加一顆滷丸，作為離鄉之前，留在舌尖的最末一股餘味。在高鐵列車不斷倒退的窗景裡，返身和台南說再見的那段路程，如果沒有米糕跟一顆滷丸相挺，還真是萬千惆悵呢！也因此有一回買米糕的時候，老闆說滷丸沒了，那瞬間，愣了幾秒，跟老闆眼神對上，也就演起內心小劇場，沒有滷丸相伴的米糕，這一路離鄉而去，要如何堅強……但也沒有千山萬水相隔那樣遙遠啦，只是以扼腕的形式作為撒嬌的手段而已。

很台很台的麵包

「我對肉鬆類的台式麵包有著不可理喻的溺愛，
肉鬆底下藏著白色美奶滋的組合真是銷魂。」

我喜歡台式麵包，很台，越台越好。

大約四歲前後搬離台南青年路紡織廠宿舍，遷居東門城內巷弄，直到小學三年級，幾乎日日繞著東門城晃蕩，最常去的地方就是城邊的「穩好麵包」。之後搬到永順火柴廠舊址，改吃衛國街口的「裕大麵包」。學會騎單車之後，騎去東寧路買「明新麵包」。大學到了淡水，則是依賴水源街側門的「親親麵包」。

我的麵包口味養成，起源於穩好麵包店的白土司，真的是一整條，起碼是現在土司份量的兩倍長，一家六口人，兩頓早餐就吃完。烤麵包機烤到土司兩面呈現焦糖色的脆度，從麵包機夾層彈起來的瞬間還會噹一聲，拿來夾切片的「哈姆」或夾荷包蛋或滿滿超量的肉鬆肉脯，或塗抹草莓果醬偶爾也換換花生醬口味，有時也塗抹我個人偏執喜愛的牛頭牌沙茶醬。至於正餐之間肚子餓或嘴饞，吞一片沒烤過的軟土司也很盡興。

土司之外，最常吃的是草莓麵包和雞蛋皮麵包。草莓麵包造型像個可愛的拱門，中間一層果醬，果醬縫隙再灑滿椰子粉，好像下了雪花一般。我是草莓麵包的忠實擁護者，弟弟則喜歡雞蛋皮麵包，雞蛋皮麵包的說法好像是家人之間才懂的密碼，正式學名應該是波蘿麵包。小時候以為波蘿麵包表層是塗了蛋黃烤熟的脆皮，所以才有那樣的暱稱，總之，我跟波蘿麵包最初的交情，對方還不是以波蘿的稱謂現身，而是雞蛋皮，而且是台語發音的「雞卵皮」。

另個心頭好物是花生麵包，麵皮捏成兩個漩渦狀，紋路裡面塞滿碎花生顆粒和飽滿的花生醬，顆粒嚼感配上鬆軟麵包本體，軟硬參差，卻不干擾，反倒有恰到好處的協調。

很受客人歡迎的還有奶油餡的「克林姆」麵包，表層有橙色線條畫了迴旋狀，但我不愛，甚至有點畏懼，一想到克林姆軟軟地爬進嘴裡，會覺得牙根瞬間軟掉。

搬到衛國街之後，行經騎樓就可以看到裕大麵包的玻璃櫃最邊側固定是起酥麵包的專屬席位，一層一層皮，撒了黑芝麻做記號的是肉鬆內餡，白芝麻的是奶酥內餡。我偏愛肉鬆口味，有一次買錯，咬了一口奶酥，十分為難，要是放棄顯得絕情，吃完則很痛苦。那起酥一層一層的構造感覺很奇妙，我喜歡放進小烤箱低溫再加熱，卻要小心翼翼，可能是油份飽足，很容易就過熱燒焦，還會冒煙。

至於沙拉麵包則是愛到不行，不管是普通麵包夾馬鈴薯、小黃瓜、紅蘿蔔沙拉，外加兩塊切成四分之一的白煮蛋，還是麵包炸過再來包沙拉餡，都好吃得很。可惜沙拉麵包沒辦法放隔夜，尤其天熱，當日沒吃完就無望了，雖然很想做為學校遠足的中餐菜色，因為保存不易，只能忍痛捨棄。

我對肉鬆類的台式麵包有著不可理喻的溺愛，肉鬆底下藏著白色美奶滋的組合真是銷魂，也有另外灑了滿滿蔥花捲起來的豪華版，如果是單純蔥花鹹麵包，我家稱那為「鹹胖」，我愛的「鹹胖」要烤到外皮透著深咖啡色光澤，剛出爐帶著微溫最好，一口氣可以吃兩個。

老派台式麵包店還有一種夢幻逸品「香蕉條」，顧名思義，香蕉形狀，是烤到鬆軟恰好的蛋糕，內餡分為紅豆與奶油兩種，我偏愛紅豆，雖不敢吃香蕉，卻喜歡香蕉條的香氣，比起東京banana，這款台式香蕉條可一點都不遜色。

雖然歐式麵包日式麵包不斷攻佔台灣市場，價格比起台式麵包要貴上許多，可是台式麵包仍然以鞏固鄉愁的絕對地位，在許多老派街角麵包店繼續捍衛傳統口味的城池。每每經過，壓抑不住內心情感與舌尖食慾的頻頻召喚，總要帶幾個麵包去結帳，當作傍晚點心，或隔天早餐來敘舊。改良款的丹麥波蘿好像是「雞卵皮」跨海留學鍍金回來，披了一身時髦彩衣來相認。在日本旅行時，看到海鹽口味的鹹胖，會想起台灣的蔥花麵包，而離境在機場買了貴鬆鬆的東京banana時，會檢討自己多久沒吃香蕉條了，而會做香蕉條的麵包師傅好像也不多了。

這些很台很台的麵包，在我至此的人生過程中，已經超越麵包原本的定義，那是陪伴的交情吧！但說穿了，被台式麵包啟蒙之後，就已經注定一輩子效忠門下了。

比起關東煮，我更愛黑輪伯仔

「看完電影總要站著吃幾根黑輪再以黑輪湯收尾才叫 ending。」

到底從什麼時候開始，明明是黑輪伯仔賣的黑輪，卻變成超商的關東煮呢？

黑輪一說，應該是來自於日本語的「おでん」，屬於台語之中的日文外來語。「O-Lenn」這台語發音，絕對比北京話的黑輪來得有嚼勁，感覺還有魚漿加工製品的Q彈多汁，光是發這個台語黑輪的音，舌尖就要巧妙地捲一下，當然北京話的「輪」也有捲的效果，但捲度不同，感覺台語發音的「O-Lenn」，一氣呵成，沒有牽拖。

以前做黑輪這行的，很少是店面，通常是一部推車，或小發財車改裝，只要有瓦斯桶，有大鍋，就可以做生意。如果有擺桌，也是少數一、兩桌，客人就捧著碗，站著吃。老闆多數是阿伯，穿著白色短袖圓領汗衫，戴著宮廟的帽子，在保麗龍免洗碗或紙碗還沒出現之前，大概都是用那種草綠色或鮮豔橘色的美耐皿塑膠碗。

黑輪伯仔的推車或小發財車固定出現在學校附近，或菜市場週邊，或宮廟旁邊的大樹下。如果在戲院前方做生意，會跟烤香腸和燒酒螺與綠紗窗滷味和石頭烤玉米在一起，形成一個小市集。那時戲院對於外帶食物沒有嚴格規定，就算不帶進戲院，看完電影總也要站著吃幾根黑輪再以黑輪湯收尾才叫 ending。

黑輪雖然有具體的黑輪定義，但也可以作為統稱，就好像府城才有的「香腸熟肉」，可不只是香腸跟熟肉兩樣選項而已。

黑輪是魚漿原料做成的圓柱形體，因為是手捏的關係，表面有指輪的深淺凹陷紋路，如果是機器大量生產，表面平整一些，不過黑輪也不只大鍋水煮的吃法，黑輪伯仔有時會開外掛，烤的、炸的都來。近幾年夜市有主推高雄旗魚黑輪的攤子，一大桶魚漿，現捏現炸，各種沾醬自行刷取，剛炸好的黑輪相當好吃，是我逛台南大東夜市必吃的選項。

黑輪帶領的大鍋軍團裡面，通常有米血、黃玉米、魚板、甜不辣、油豆腐、貢丸、蛋丸、魚丸、鑫鑫腸……講究一點的，還有高麗菜肉捲，或產季新鮮的茭白筍。但是味道要好，湯底要棒的秘訣，在於大塊輪切的菜頭。醬料也算黑輪的靈魂，我喜歡澎湃豪邁的醬料份量，淋成火山岩漿一樣的氣勢，那醬汁留下來作為最後收尾的那碗熱湯調味，加上少許切碎的芹菜，撒一些胡椒粉，辣度鹹度甜度都恰好。先以黑輪集團帶來繁花似錦的吃食滿足感，再以清淡卻深邃的熱湯終結，那才是黑輪集大成的絕美休止符。

路邊小攤吃黑輪多少要搭配馬路喧囂的煙塵噪音或港邊的海水鹹味，或戲院開場散場的人聲鼎沸，才有辦法營造出那種「庶民的委屈被理解」「飢餓被恰到好處的滋味救贖」的情境氣氛，便宜卻不馬虎，加上黑輪伯仔那種做生意過日子的人生風霜，錢少賺一點，但是讓大家吃飽的微小卻很巨大的心意，可能是許多黑輪餐車之所以生意長久的原因吧！

有些黑輪伯仔健談風趣，有些靦腆寡言，有些跟熟客盡講冷笑話，有些靜靜看著過往車來人去，也不說話，但渾身是故事。有時候面對客人缺幾塊錢也說不用了或下次再給不必掛念。

也有黑輪生意的氣勢做起來了，租了店面，兼賣剉冰跟鍋燒雞絲麵。大鍋煮起黑輪軍團的氣勢，一根根竹籤豎立起來的陣仗，好像幕府時代兩軍交會的戰場。客人就自己去挑選，自己去淋醬，自己去舀湯，即使是那樣當成一餐或學生當作準備大考小考宵夜的形式，在經濟支出上，也不是負擔太重的選項。

我很喜歡台南林森路一個黑輪餐車，黃昏才營業，夫妻兩人，車上放一台小電視機，頻道總是固定在本土長壽劇。除了水煮黑輪，還有火烤黑輪，既然有火烤的選項，也就有烤香腸跟烤糯米腸的紅利。自己烤過黑輪或甜不辣的人就知道，火的控管是高深的學問，一不注意就焦黑，可以把黑輪或甜不辣烤到恰到好處卻不燒焦，那才是黑輪職人的對決球種，類似陽建福那顆頂級的滑球、王建民的伸卡球，或是大谷翔平那顆時速一六五的快速球。

當滿街便利超商開始主打關東煮，雖然有冷氣空調，有咖啡香氣，有叮咚叮咚歡迎光臨謝謝光臨，可是沒有戴著宮廟帽子、穿著白色圓領汗衫的黑輪伯仔，感覺還是少一味。超商關東煮養成的世代，應該無法理解黑輪伯世代內心的歲月蒼涼感吧！

然後，就會想起林強唱過的〈黑輪伯仔〉。書沒讀好的少年，只能來到異鄉的鐵工廠打拚，李天祿阿公飾演的黑輪伯仔，跟他說，「少年ㄟ，老大人跟你講的話，要用紙包起來，時時謹記在心頭」……這根本是黑輪最文學也最庶民的人生謳歌啊！

惣菜之人生攻擊模式

「即使多數是冷菜，但入口之後有口腔內的唾液溫潤，滋味立刻回溫。」

惣菜（そうざい）是很微妙的，高麗菜也是。

雖然跟便當配菜類似，都是佐白飯的菜色，但是惣菜好像又比便當配菜的地位要高一些，畢竟不是跟白飯擠在便當盒的格子裡，而是從店內買回家之後，單獨盛盤，吃飯的人一手拿瓷碗一手用筷夾菜，跟便當盒的小格子取菜不同，吃食的心情應該也很不一樣。

「惣」～～中文不曉得有沒有這個字，看起來是把食物捧在心上，頗浪漫。

惣菜，有人稱為小菜，但又不是餐前先上來幾個小盤子，類似涼拌干絲、花生米、小魚乾、豆干海帶那麼「小」的菜色，惣菜其實也有主菜的氣勢，用「熟食」好像更適合。就好像台北南門市場的熟食店家，有蔥燒鯽魚、紅燒獅子頭、醉雞、糖漬蓮藕、佛跳牆之類的，完全不是小菜那麼玲瓏，根本可以當成大菜。

在日本旅行時，很喜歡找車站附近商店街賣惣菜的店，或百貨公司地下樓層惣菜專櫃，大概挑三種菜色，外加一碗白飯，或搭配壽司，暮色之中拎著塑膠提袋走回旅館，偽裝成下班回家的當地人模樣。在旅館房內小桌子擺放開來，光是顏色就很繽紛，即使多數是冷菜，但入口之後有口腔內的唾液溫潤，滋味立刻回溫，尤其白米飯或壽司米飯另有低調的米香甜味，比起便當，被料理款待寵愛的層次立刻往上跳了兩個檔次。

多年前，在西武池袋沿線住過一年，江谷田車站附近的商店街也有一間惣菜小鋪，接近用餐時間才會掀開簾子營業。門口掛著鵝黃色燈泡，店員都是中年婦女。面街的玻璃櫥櫃上下兩層，擺了數個白色圓形大瓷盤，很傳統的家庭料理，也有可樂餅這類的炸物。客人彎身在玻璃櫃子前方，用食指點菜，穿著白色圍裙的店員，用很長的筷子或大湯匙把料理放入透明盒子裡。會來買惣菜的多數是附近的居民，主顧之間都有相當程度的交情，會閒聊一下，有時話匣子一打開，就站在那裡好久，是很典型的商店街交易模式。

大約經過十幾年，再回到商店街，惣菜小舖已經不見了，倒是超市出現面積不小的惣菜專區，菜色種類多到讓人難以抉擇。猶豫之時，想起前一晚看到電視專題探討，日本職業婦女越來越多，沒有時間烹煮晚餐，只好靠市售惣菜來支援家庭餐桌，連街角便利商店也賣惣菜。那時我邊看電視腦袋也出現驚嘆號，哦，已經變成可以做成專題探討的社會現象了啊！

直木賞作家「井上荒野」寫過一本小說《獻給炒高麗菜》，主角是三位六十歲前後的女人「江子」「郁子」「麻津子」。她們的婚姻都不太順遂，不過對美食卻充滿熱情，也愛吃，無論再怎麼難過悲傷，為了找食物，必須外出活動，人生就不會太絕望。她們共同撐起惣菜店「江江家」，店鋪就在東京私鐵沿線，只有慢車停靠的小車站旁一個不起眼的商店街上。附近有許多事務所和倉庫，老舊社區內也有不少看起來很清潔的公寓，年輕人和老年人的人數不分上下，「江江家」還算是生意興隆。江子是老闆，麻津子是員工，郁子一開始只是鄰近公寓的新住戶，連續買了一星期的江江家熟食，終於在第八天，點了「涼拌微辣松仁魷魚小黃瓜」「香滷昆布香菇」和「炸竹筴魚」之後，決定應徵店員，成為江江家的員工。根據來採訪的媒體形容，這是一家「親切而堅強的母親提供的家庭味」。

所以，小說裡的江江家，跟我十數年前熟悉的商店街惣菜小舖，多麼神似，端出來的都是「親切而堅強的母親提供的家庭味」。

江江家有三口大飯鍋，一個鍋子可以煮兩公升的飯。因為江子和米店有交情，可以買到品質很好的米，就算米飯冷掉了，不放進冰箱，也不用微波爐加熱，隔天早上搭配熱騰騰的味噌湯一起吃，據說是「人間美味」。

有一天店內決定作蕈菇飯，把鴻喜菇、香菇、杏鮑菇和牛肉絲先炒過，以醬油和味醂調味，加一塊奶油，和剛煮好的白飯混合，最後再灑上蔥花。「用這種方式作的蕈菇飯比把蕈菇直接和白米同煮更蓬鬆，又比炒飯爽口。」江江家每天除了白飯之外，都會準備一種不同口味的調味飯，據說蕈菇飯頗受好評。

搭配蕈菇飯的熟菜，有「醬悶茄子」「蕈菇洋芋燉肉」「秋鮭南蠻漬」「梅汁拌油菜蒸雞肉」「巴西利醬佐豬腿肉和洋芋」「白菜、蘋果拌核桃乳酪沙拉」「地瓜香腸咖哩沙拉」，以及每天必備的「炆羊栖菜」「可樂餅」與各式泡菜，總共十一道菜，從清晨六點開始準備，上午十一點過後，櫥窗內就定位，歡迎光臨。

江江家另有一道費功夫的碗豆飯，不買現成剝好的碗豆，而是三人親手從豆匣剝出豆子來。把豆子放在鹽水煮過再拌米飯，賣相較好，如果和白米一起煮，飯很香，但是豆子變得很醜。三人商量之後決定，「只有春天才能吃到碗豆飯，那就重視賣相吧！」

但是「麻津子」帶了三層便當盒跟男人去賞櫻時，男人對於捏成飯糰的碗豆飯卻這麼說：「碗豆飯很漂亮，也很好吃，但如果碗豆味更重一點會更好吃。碗豆的顏色也可以更醜一點，有些豆子煮爛了也沒有關係。」

「郁子」用小姑寄來的「款冬」，做了道特別的小菜。款冬用油炒過，加入味噌、酒和砂糖拌炒。日文小說經常出現款冬這項食材，以前我對小說也頻繁出現的蕪菁非常好奇，後來知道是大頭菜，覺得蕪菁這名字也太「文青」了吧！可是款冬應該是沒有別稱，台灣較少吃到，如果以味噌、酒和砂糖拌炒的方式，好像可以找別的食材來試試。

一天，清早開車去採買的江子抱了五顆滋潤飽滿的高麗菜回來，三人討論之後，決定三顆做成咖哩口味的高麗菜捲，兩顆切絲生吃以及做成糖醋泡菜，但是江子內心對炒高麗菜情有獨鍾，因為前夫在婚宴當晚，脫下西裝，挽起襯衫袖子，為飢腸轆轆的她炒了一盤高麗菜。

「他搖晃平底鍋的結實手臂，以及手臂上微微浮現的血管，就連塞在長褲內的襯衫縐褶，都記得一清二楚」「用奶油將大蒜爆香，當大蒜冒出濃郁香氣之後，轉成大火，把撕碎的高麗菜丟進鍋內，只用鹽調味，再加上足量黑胡椒。太太，請享用吧！這是她成為妻子之後的第一餐。」

我也好愛大蒜清炒高麗菜，甚至只有加鹽巴，連奶油跟黑胡椒都不用。但是高麗菜的命運多舛，也有颱風前後一顆飆到數百元，也有搶種之後一顆只要幾塊錢，一下子被捧上天，一下子被賤售，高麗菜也不願意吧！但是像江子思念新婚夫婿為她炒一盤高麗菜的記憶這麼甘甜，即使以離婚收場，可是對食物保留的愛意，應該是不會改變的吧！

活著才有辦法吃，吃了才有力氣活下去，江子說她的人生哲學就是進攻，攻擊是最大的防禦，一旦心情好轉，就不能放過機會，要不斷進攻。她很慶幸自己會做菜，能夠對料理保持熱情，應該就是最好的進攻了。

下次我經過熟食攤子，看到那些一口大鍋炒出一道道熟食的老闆們，應該也可以感受到他們對料理保持熱情的人生進攻模式吧！

也想要倫子外婆的米糠醬菜甕

「咬下瞬間，爽脆口感，那不只是醬菜，還是心意呢。」

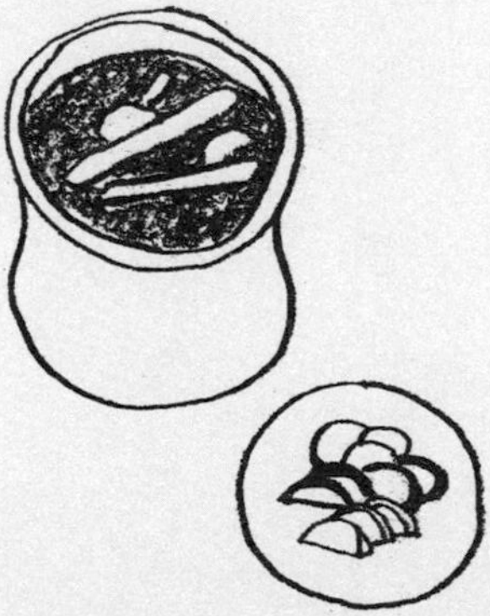

很喜歡「小川糸」的小說《蝸牛食堂》以及小說改編的電影。不管是小說故事之中，那位被印度情人拋棄因而剃光頭的倫子，還是電影裡「柴崎幸」扮演的那位失語的倫子，吸引我目光的，其實不是倫子在食堂烹調的那些料理，也不是倫子母親養的那隻寵物豬「愛瑪士」最終被宰來做成全豬大餐，而是倫子的外婆留下來的那個米糠醬菜甕。

下班之後，倫子回到和情人共同生活三年的公寓，空無一物，雖有淡淡的印度香料氣味，每個櫃子也有放過東西的痕跡，但無論如何伸手摸索，都只剩下空氣，唯一留下來的，是放在玄關大門旁邊瓦斯表所在的狹小空間裡，過世的外婆留給倫子的米糠醬菜甕。

印度情人唯一會吃的日本發酵食品就是米糠醃漬的醬菜，放在那個空間恰到好處，夏天涼爽，冬天的溫度又比冰箱高一些，最適合米糠醬甕生存。

「我邊祈禱邊打開門，黑暗中，熟悉的小甕靜靜地等著我。我打開蓋子確認，今早用手掌抹平表面的形狀，原樣不動。裡頭露出淺綠色的蕪菁葉子。蕪菁去皮，只留一點點葉片，尾端切開十字，醃過以後，水嫩甘甜。」

情人背叛的慘狀，竟然靠米糠醬菜甕裡的水嫩甘甜蕪菁給療癒了，從此發不出聲音的倫子，抱著外婆留下來的米糠醬菜甕和一只籃子，搭上返鄉的高速巴士。那些準備開店的積蓄被印度情人拿走了，籃子裡面是前一天中午吃剩的飯糰，僅剩一點零錢的錢包、以及手帕和衛生紙。

吃到一半的飯糰，裡面包的是和外婆最後一次一起醃漬的梅子。

「立秋前十八天曬梅子時，連續三天三夜都鋪在走廊上，每隔幾小時就幫梅子翻身，每次都用指尖揉搓一下以軟化纖維，即使不添加紫蘇，外婆醃過後的梅子，也漸漸染上粉紅色……我嘴裡含著這最後的梅干，酸味直接滲透入體內最深。嘴裡的梅干對我來說，擁有秘密珠寶般的價值。」

最初，我對日本旅館早餐午餐晚餐的那一小碟醬菜或一小顆梅子，鮮少動筷子，相較於其他烤魚生鮮或各種懷石料理的華麗精緻，醬菜或梅子一點都不起眼，猶如台灣筵席菜餚擺盤的小黃瓜胡蘿蔔雕飾，或捲曲如蕾絲般的墊底生菜一樣，最終收盤之後，到底去了廚餘桶還是怎麼了？

頂多吃便當或吃米糕或肉燥飯的時候，挾一小片塞在碗裡的黃色醃漬菜頭（大根），小時候我以為那黃色菜頭叫做 Ta-ku-han，後來認真查了字典，才知道正確讀法是 Ta-ku-an，全名應該是「沢庵漬け」（たくあんづけ），以米糠和鹽所醃漬的白蘿蔔，最早是江戶時代的臨濟宗僧人「沢庵宗彭」為了保存大根而想出來的醃漬方法，最初並沒有正式名稱，直到將軍「德川家光」到訪時嘗到這味醬菜，建議以「沢庵」為名。

好了，黃色醃漬大根在台灣也頗受歡迎，但是那黃色的深淺差別有時自然有時矯情，以前用薑黃調色，近來多數是食用色素，但真的醬菜名店的「沢庵漬け」也有各種口味延伸，越貴的保存期限反而越短，因為沒有防腐劑的關係吧！

但是我必須要為過去的行為懺悔，讀了《蝸牛食堂》，看過日本ＮＨＫ晨間小說劇《多謝款待》之後，除了小說裡的倫子抱著外婆留下來的米糠醬菜甕返鄉，晨間劇那位生於東京的芽以子，也抱著祖母的米糠醬菜甕出嫁到大阪，因為大阪夫家的大姊厭惡米糠醬菜的氣味，只好把醬菜甕寄放在市場賣魚同鄉那裡，芽以子每日前去謹慎用手攪拌，連空襲警報也要抱著醬菜甕躲防空洞，與醬菜甕都不只是食物的關連了，還有感情的羈絆啊！

從此之後，我再也不敢輕忽桌邊那一小盤醃漬醬菜了，那裡面有太多料理的細緻交情，絕對不能視而不見，那不是配角，那是謙沖的主角才對。

醃漬的梅子亦然，即使是筷子挑出一小塊梅肉，半個指節大小，跟白飯一起入口，從舌根緩緩蔓延開來的酸味，好像從口腔深處湧出味美的唾液，跟著白飯一起咀嚼，白飯都戀愛了。

有時去吃鹽味拉麵，麵碗中央漂浮一顆梅子，煮麵的師傅說，倘若吃麵喝湯又吃了叉燒，覺得膩，那就咬一小口梅子，保證瞬間解膩。一開始我還在心底冷笑，怎有這回事，沒想到吃完之後，嘴裡盡是膩，膩到喉嚨緊緊的，於是咬一小口梅子，唾液從舌根緩緩湧出來，最後將那杯隨麵附上的冰開水一飲而盡，果真，解膩啊！

回到蝸牛食堂。

沒辦法發出聲音，只能靠筆談與人溝通的倫子，決定借用老家廢棄的儲藏室，當一個山谷寧靜村莊的料理人。而放在廚房通風處的米糠醬菜甕，是明治年間出生的外婆從她的母親那裡得到的禮物，恐怕是江戶時代就開始了吧！那米糠醬菜甕躲過戰亂與地震，依然呼吸自若存活著，那是個「蔬菜只要放進去都會高興地變成美饌的魔法之甕」。

接收了外婆的米糠醬菜甕之後，倫子偶爾會加一些煮過湯的柴魚乾和陳皮，有時候讓它喝一點啤酒，加入土司，活化它的乳酸菌。外婆說，每個人身上的乳酸菌都不同，女人的比男人的好，尤其生過孩子的女人手掌分泌出來的乳酸菌最好。

倫子替「蝸牛食堂」第一位客人準備的菜色是一鍋石榴口味的咖哩。從動刀開始切洋蔥的那一刻，淚水湧出，「是洋蔥的辛辣刺激了眼睛？還是情人的回憶沁入心裡？我自己也不知道。大滴淚水就像產在沙灘上的海龜蛋，滾滾滑落臉頰。但即使如此，我還是繼續切碎洋蔥。」

但是倫子啊，就算沒有情人的回憶沁入心裡，切洋蔥本來就會滾下海龜蛋，那不是殘破的戀情作祟，那是洋蔥讓人淚水鼻涕一次沖刷到底的本命啊！

搭配石榴咖哩飯的配菜，是米糠醬醃蘿蔔，但倫子認為，如果是夏天醃漬的辣韭更好。

小時候我吃過三姑醃漬的辣韭，透明玻璃罐，打開瓶蓋瞬間，味道有點嗆。母親會用乾淨的長筷子探入罐內，一餐只夾幾顆，整齊排放在白色醬油碟子裡。我只敢咬一小口，滋味究竟如何，已經忘了。但是看到倫子打算用辣韭搭配咖哩飯作為醃漬配菜，突然想要找來嘗嘗看，以前吃咖哩飯配過七福漬，有了漬物相伴，感覺咖哩飯變得比較振作了些，不曉得是什麼原因。

倫子替鎮上那位始終穿著黑色喪服的小老婆準備的菜色之中，有一道「米糠醬漬蘋果」，將蘋果去皮切半，抹上鹽巴，放在醬菜甕裡面醃兩天，醃好之後拿出來放置一段時間，彷彿醒紅酒那樣接觸空氣，蘋果的甜味加上米糠的鹹味，成為一道特別的前菜。

原來，蘋果也可進入米糠醬菜甕啊～～但我想要養一甕米糠啊，清晨夜晚，乾淨的手，謹慎仔細翻攪米糠，據說肌膚會變得細緻無毛孔，比SKII

還強。但是出外旅行的時候怎麼辦？打包放進行李箱嗎？還是找個代理人，每天幫我翻攪醬菜甕，讓裡面的米糠繼續活者，不至於因為孤獨而默默死去。

我到底是迷戀米糠醬菜甕的生命力，還是想要參與各類蔬菜跟米糠互相滲透彼此發酵的神秘戀情呢？

從此以後，不管去了日本何處旅館或什麼餐廳，絕對要善待那些擺在角落的小碟醃漬醬菜，或即使是一顆小小的梅子都不要輕易忽視他們，虔敬的注視每一吋吸飽米糠滋味的紋路色澤，咬下瞬間，爽脆口感，那不只是醬菜，還是心意呢！

但是倫子的蝸牛食堂有一道「和樂融融飯」，聽起來真是和樂融融。只要在白米飯上面添加拿波里義大利麵即可，這是倫子那位生於明治年間的外婆想出來的料理，聽起來不錯呢。好吧，找一天，我也要來和樂融融一下。

想起過年炊鹹粿

「一年一次，把碗櫃裡的大小飯碗與碗公搬出來，清洗曬乾，那又是另一場熱鬧儀式。」

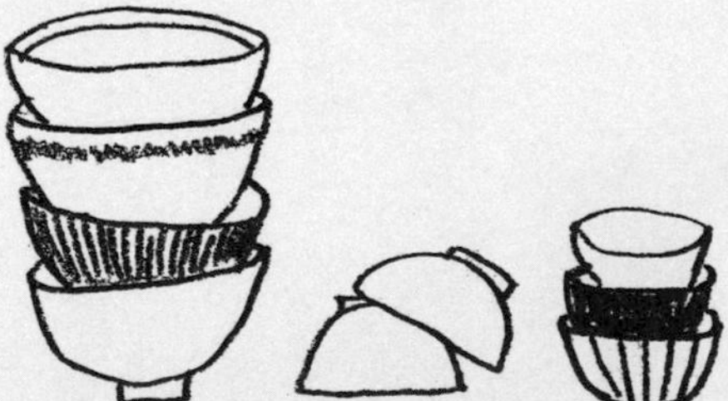

吃阿嬤親手炊的鹹粿，是小時候最深刻的農曆年記憶。關於滋味的啟蒙，手作的規矩，好像也是那一碗公一碗公的情分寫下的重量最夠思念。那滋味可能稱不上頂級美食，配方看起來還有點奇怪，因為有家族情感調味，也就成為我心目中的夢幻逸品。

台南將軍鄉北埔老家，三合院右側雞舍旁，有一座石磨，每到農曆年，女眷們就分工，一人用湯杓舀起泡過水的米，一人負責雙手拉著石磨支架畫圓圈，一人拿桶子接住磨好的米漿。阿嬤負責調度監控還發號施令，阿公則是施展他雕刻竹叉的工匠本領。小孩反正也幫不上忙，只能繞著石磨周圍嬉戲，或提早去大灶前方卡位，搶著大鍋炊粿的時候添柴火。那柴火小坑前方暖呼呼的，擠在那裡的小孩，總是被熱氣烘到雙頰紅通通，跟大廳神明供桌上的紅龜粿一樣。

炊粿首部曲，大抵是混雜著子孫返鄉的喧鬧和雞群咯咯咯的嘈雜，看似紛亂，卻有隱形規矩制約著，那應該也是農曆過年家族儀式向來的節奏。或許大人那一輩有許多輩分不自在或外地謀生的壓力，可是小孩哪管那麼多，對於那些規矩，不純然是裝傻，而是天生而來就只汲取歡樂元素，如果還有什麼介意的，大概是鄉下廁所讓人畏懼，很怕腳一滑，摔到糞坑裡，後來屋舍改建才有了「化學便所」，但我直到現在作夢還是會夢見那個艱困搭建在屋外的廁所，簡直是夢魘。

大家族過年，好像都跟隨著食物起鬨，不管是拜神的、拜祖先的、拜好兄弟的，最後都吃進人的肚子裡，往後回味起來，好像也只有滋味的份量特別迷人。

傳統台式家庭，尤其戰時出生的那一輩，男人們向來就是穿著西裝西褲，雙手捧在胸前等吃飯，女人們又有婆媳輩份排行，阿嬤一向站大灶，長媳次媳一路排到最尾的新嫁娘，對應女眷關係的組織圖，頗為嚴格。我初次看到新婚不久的阿嬸，蹲在水槽旁邊清洗豬腸的時候，簡直嚇壞了，畢竟那之前對她的印象，可是婚禮筵席上的白紗模樣啊！至於嫁出去的女兒，也就是我喊姑姑的，回來也不必走入廚房，儘管當客人，不用客氣。傳統保守家庭的年節，大抵是這麼安排的，大人們好像都循著人情規矩，小孩就算不懂，多少也知道看臉色。

譬如炊鹹粿的工作組織分佈圖裡，阿嬤絕對是總教練，磨好的白色米漿如何控管濃稠度，媳婦們大概是插不上嘴。但一年一次，把碗櫃裡的大小飯碗與碗公搬出來，清洗曬乾，那又是另一場熱鬧儀式，畢竟那些碗，也都經歷過世界大戰的啊！

白色米漿一一注滿大小碗公，碗中央就用小湯杓舀一些事先鹽煮過的虱目魚碎肉和少許新鮮蚵仔，再添幾日前預先油爆過再放涼的小片五花鹹肉，再按碗公份量添加鹹湯汁，接著就上下疊成碗公陣，放入大灶蒸。顧柴火的小孩部隊聽令阿嬤指示，什麼時候添柴火，什麼時候抽柴火，廚房屋頂煙囪不停冒出白煙，大鍋邊緣也不斷竄出香氣，接下來該如何悶、如何放涼、如何冷熱依偎出彈牙的口感，完全由阿嬤掌控，其他人都插不了嘴。

我那時年紀太小，完全沒心思注意那些細功夫，看著出了大鍋灶的滿桌碗公，呼呼冒著白氣，如高矮胖瘦身型各異的部隊立正站在那裡冷靜放涼，我總是忍不住拜託阿嬤先讓我嘗嘗，最小的那碗就好。阿嬤點頭之後，就得跑去跟阿公要來竹叉，先叉進碗的邊緣畫一圈，再從中央劃十字，淋少許醬油，碗粿中央那些蚵仔、鹹肉、虱目魚碎肉，跟鹹粿米香簡直對味，這款鹹粿，大概也只有阿嬤才想得出來的私房配方，很有台南鹽分地帶的小村風格。

阿公阿嬤辭世之後，每年農曆春節，家人還是會重複提起當年炊鹹粿的往事，阿嬤的鹹粿配方實在奇特，有鹹肉的鹹度跟蚵仔虱目魚的鮮味，協力拉提了粿的口感香氣，沒吃過的人肯定覺得奇怪，我倒是非常思念呢！

菱角與秋天的恆等式

「『差不多該準備長袖了喔』……
這是我們彼此相認的暗號。」

即使白天還有超過三十度的高溫，但節氣入秋以後，捎來的微風多少有著涼意的暗示，隱喻著幾個月以來對高溫的煩躁不耐，就即將轉為寒冬對溫暖的奢望了。站在冷熱接棒的猶豫期，尤其在台南，總會恰好看到路邊小攤開始賣菱角，於是菱角變成四季輪迴的提示，約莫站在夏天交棒給秋天的位置，遞出季節更迭的便條紙，「差不多該準備長袖了喔」……我總是以這樣的心情跟每年登板的菱角打招呼，這是我們彼此相認的暗號。

記憶裡，差不多就是九月開學以後，下課騎腳踏車經過台南東門圓環，圓環邊有個市場，市場外圍有手搖剉冰的攤子，有傍晚才開始點燈營業的清粥小菜，秋天前後還會多一個攤子，冒著熱騰騰白煙的兩口大鍋，一鍋是帶殼的熟花生，一鍋是熟菱角。帶殼花生就保持帶殼狀態，畢竟食指拇指一按，啵一聲，花生仁就露臉了，不費什麼力。但菱角可不同，菱角的黑色外衣翻飛開來，露出膚色粉嫩的肚子，然後像學校運動會疊羅漢那樣的堆疊陣式，堆成小山丘。老闆戴著麻布手套，邊顧攤子邊撬殼，也不曉得用什麼金屬工具，動作快得不得了。那撬殼的心意絕對必要，否則吃菱角就像搏命，一嘴黑，還兩手黑，牙齒不好的人若是硬要跟菱角殼對決，那更是冒險。

入秋之後，母親為我們準備的課後零嘴，就會是一個白鐵盆子份量的菱角，通常是早上從東安菜市場買來的，放涼之後，水分收乾，更好吃，嚼著嚼著，可以嚼出菱角特別的香氣。煮到軟硬恰好的黃金比例尤其美味，但也有吃到過於軟爛的菱角，會不自覺在內心「嘖」一聲，多少有嫌棄的意味。我常常進門之後，還背著書包，穿著制服，就站在桌邊，面對白鐵盆子，展開與菱角對決的例行賽事。從兩邊尖角往後壓，菱角肉就從掀開的黑色外皮空隙緩緩彈出來，若不小心將兩邊如耳朵那樣的菱角肉斷開，頂多拿著牙籤或小叉子，把藏在尖角深處的菱角肉挖出來，沒有一絲一毫的浪費。從小熟練的SOP，吃菱角好像「做工藝」，一點都不困難。

有時捧著白鐵盆子到院子，坐在大理石門檻邊，跟家裡養的小狗分食。小狗也懂吃菱角的規矩，就乖乖坐著，猛搖尾巴，耳朵往後順得跟什麼懂事的小孩一樣，耐心等候我把菱角肉剝出來。小狗也不去咬菱角殼，只會把嘴鼻湊進桶子，在空殼裡面翻找菱角肉，牠本來就是黑嘴管的土狗，菱角殼再怎麼黑，都無妨。母親說她在院子裡用竹篩子曬花生，小狗偶爾把竹篩子翻下來，也懂得把殼咬破，光吃裡面的花生仁。果然小狗跟人類生活久了，一些吃食規矩都明瞭，當自己是人。

通常一盆子的菱角很少留到隔天，如果還剩少許份量，母親就把剩下的菱角換到舀水的塑膠水瓢裡，放在餐桌上，用透明蕾絲碗罩蓋著。我半夜溫書餓了，就下樓取那一水瓢的菱角，邊寫參考書試題，邊吃菱角，參考書頁面多少留下難以清理的黑色指紋。

母親也經常從菜攤買那種去殼的生菱角回來煮排骨湯，就好像買蛤蜊會送嫩薑，買蜆仔會送九層塔一樣，買生菱角就會配一小把芫荽，也就是香菜，起鍋之前，撒下切碎的芫荽，那鍋湯的滋味就不同了。煮湯的菱角口感較濕潤，但是那湯頭特別好。我是個喜歡吃芫荽的怪胎，拿著湯杓把漂浮在排骨湯表層的芫荽一次打撈進自己的碗裡，那碗湯的配色就綠意盎然起來，吃食的心情也就特別好。

後來到台北讀書，發現台北路邊偶有賣菱角的小發財車，卻沒有把殼撬開，我愣在發財車前方，十分掙扎，終於鼓起勇氣問老闆，這樣怎麼吃？老闆就很豪邁地拿起一顆菱角，以牙齒為利器，喀啦一聲，從菱角肚子中間咬下去，再剝成兩半，再把菱角肉啃出來。

我看著老闆咬菱角，好像看什麼特技表演，太驚訝了，但這功夫，我不行。好想跟老闆說，可以用什麼工具幫我把菱角殼撬開嗎？但掙扎了一下，默默低頭離開。我猜想當時自己的表情，應該露著濃烈的一股對菱角的愛意，卻因為無法將菱角快意吞下而悵然離去。我終於知道，把殼撬開，好像瀟灑的男爵鬆開西裝鈕釦一樣的菱角，也是鄉愁的一種，在那個即將滿二十歲的秋天，頭一次發現自己在異鄉面臨的「菱角障礙」。

幾次跟朋友路過菱角攤，不免發牢騷，說老闆沒有先把菱角的殼撬開，怎麼吃啊？朋友很驚訝，問我什麼是撬殼的菱角？哇，要不然你們怎麼吃？就直接咬啊！那嘴巴不是會黑黑的嗎？有什麼關係，跟著口水吞下去就好啦！

所以菱角的食用技巧養成也有地域城鄉差距，看到整顆完整的菱角，大概只有「敬遠」的份了，故意四壞球保送，不敢直球對決，因為我牙齒不好。

幾度在秋冬季節搭車經過台南官田，沿著公路兩側，都是賣菱角的小攤，老闆通常都專注在菱角撬殼的工作上，撬好一堆足夠的份量，再秤斤裝袋。透明塑膠袋裡的菱角，一枚一枚，好像集體聽到什麼有趣的笑話一樣，全都咧嘴大笑，也像一整群菱角興奮張嘴大叫「買我買我」。各菱角攤的厚紙板，以奇異筆手寫體寫下攬客的文字，加上菱角模樣的各色塗鴉，延伸公路一整排，感覺菱角們愉快地在路邊勾肩跳著大腿舞。那街景堪稱B級美食的大亂鬥。

產收期一來，台南各路口的菱角部隊就像候鳥一樣開始就位，每每騎腳踏車停在紅綠燈前方，迎面而來一陣菱角的香氣，那短暫停等紅燈的一分鐘前後，心意倘若不夠堅定，隨手一招，就帶走一包菱角。

在路旁買了一袋菱角的傍晚，在微涼的街道慢慢騎著腳踏車回家，想像幾個月後的歲末在遠方招手，也不是什麼巨大的蒼涼，胸口就是會滲出微微的感嘆，不曉得是感嘆歲月匆匆還是驚覺一事無成……每年都要上身的

這種心境，恰好又是菱角的季節，兩者之間的恆等式，多少還是給了自己
足夠過冬的能量吧！

請問有五月一日到期的鳳梨罐頭嗎？

「如果有，那就做成糖醋里肌吧，要不然，
鳳梨苦瓜雞湯應該也行。」

假日看了重播的日劇《深夜食堂》，客人帶來秋刀魚罐頭，請食堂老闆料理。老闆先將秋刀魚加熱，撒了芝麻和紫菜，最後以山椒提味，鋪在熱騰騰的白飯上，成為美味的秋刀魚蓋飯。

老闆的內心OS：再怎麼說，我也是料理人啊！

這風氣一來，陸續有客人帶了魚罐頭上門挑戰。老闆添加洋蔥做了一道「日式烤沙丁魚」，另外一道則是「青花魚炒苦瓜豆腐」。又有人帶了鳳梨罐頭來，老闆說，鳳梨罐頭不是直接吃比較好嗎？客人說那有什麼意思，當然要挑戰老闆的創意，於是老闆用鳳梨罐頭做了糖醋里肌。

戲劇結束之後，直到入睡，腦海不斷浮現人生至此與罐頭連結的那些味道，甚至深夜醒來，好像嗅到罐頭開封瞬間，開罐器與容器咬合的齒痕金屬氣味。

貪食者對味道莫名且神經質的羈絆，大概就是這樣。

小時候家裡拜拜，或颱風停電停水無法做菜時，大概都會開那種橢圓扁平的魚罐頭作為餐桌上的一道菜。似乎都是鯖魚，紅色番茄醬汁，魚骨加工到一咬即碎的程度。有時候母親會將罐頭魚加熱，撒上蔥花，蔥花的亮白與翠綠，和罐頭魚的紅色醬汁特別相襯，連味道都合。

那種橢圓扁平的魚罐頭，後來遇到強勁對手，在農漁會上班的親友送來虱目魚罐頭，罐子較圓較高，據說是北門鹽分地帶很有名的加工廠商日寶的明星級商品，之後也就變成虱目魚罐頭的第一指名。虱目魚罐頭照例又成為拜拜或颱風夜或者是週日清晨吃白粥的固定菜色。

開始流行鮪魚罐頭時，家裡餐桌似乎出現過鮪魚肉加一些青豆與美乃滋，做成涼拌菜，或夾土司，可惜我不愛鮪魚的嚼感與味道，始終對鮪魚罐頭保持距離。

我喜歡螺肉罐頭，但嚴格說起來，只要是貝類挖去外殼，調味做成的罐頭，大概都合我胃口。微甜的醬汁，軟硬適中的螺肉，配飯也好，下酒也可。家裡拜拜或年節桌菜，用來煮湯，做成魷魚螺肉蒜，湯汁自然鮮甜，但螺肉煮過之後，肉質就「韌」了些，比較沒滋味。

客人偶爾送來鮑魚罐頭，那可不得了，在古早年代屬於珍饌，非得到城內委託行才買得到的舶來品。拜拜過後，放在櫥子最上層貢起來，每天經過那櫥子都要嘮叨一下，到底哪天才能開罐。通常要熬到除夕年夜飯才會正式上桌，一顆拿來切薄片沾美乃滋，另一顆連著鮑魚湯汁，拿去燉雞。吃鮑魚變成家裡餐桌的年度盛事，數量稀少，如何都不盡興。長大之後，第一次出國去了日本，在導遊慫恿之下，買了一手鮑魚罐頭回來，開罐之後，照例是一顆切成薄片沾美乃滋，另一顆燉雞湯，或煮稀飯，那一輪吃下來，對鮑魚罐頭也就平常心了。

小時候也常吃水果罐頭，譬如台鳳的鳳梨罐頭就很盛行，切成薄片，極甜，常常被喜宴辦桌用來當作甜湯。阿公阿嬤住院時，會收到親友探病帶來的水蜜桃罐頭跟櫻桃罐頭，老人家捨不得吃，偷偷開來給孫子們品嘗，罐頭水蜜桃的口感十分奇特，櫻桃不曉得經過什麼加工程序，變成粉紅色，帶一點杏仁味，或那根本不是杏仁味，而是接近感冒糖漿的藥水味，吃起來像蜜餞。後來有機會吃到「實體」的水蜜桃跟櫻桃，費了一些時間才終於接受櫻桃是深紅色，而水蜜桃吃起來也跟罐頭製品不太一樣。前些日子看日劇《那年我們談的那場戀愛》，搬家工人男主角最初送給洗衣店打工的女主角的禮物是一罐白桃罐頭，看到那罐頭的模樣，記憶彷彿被鑿了一個小洞，不斷回想，小時候是不是也吃過類似的罐頭。

阿公阿嬤住院會收到的探病禮物罐頭，還有鷹牌煉乳。一大匙煉乳，加開水沖成一杯熱牛奶，也可以放涼，用淺一點的玻璃杯放進冷凍庫，結冰之後，拿金屬湯匙刮成碎冰入口。

大學在外租屋，如果買了廣達香肉醬，因為租屋處沒有冰箱，開罐之後，非得一天完食不可，那就早餐夾土司吃，午餐乾拌麵，晚餐做成湯麵，全靠電湯匙搭配鋼杯烹煮。後來買了小電鍋，開一罐大茂黑瓜，加雞腿肉塊，煮成一鍋「瓜仔雞」，香味四溢，好像是學生宿舍裡面很轟動的事。

近來，罐頭少吃了，偶爾在爸媽家裡的菜櫥發現過期很久的罐頭，會想起王家衛電影《重慶森林》的金城武，一直在尋找五月一日到期的鳳梨罐頭。

「我們分手的那天是愚人節，所以我一直當她是開玩笑，我願意讓她這個玩笑維持一個月。從分手的那一天開始，我每天買一罐五月一號到期的鳳梨罐頭，因為鳳梨是阿 May 最愛吃的東西，而五月一號是我的生日。我告訴我自己，當我買滿三十罐的時候，她如果還不回來，這段感情就會過期。」

那已經是一九九四年的電影了，阿May是阿武的女朋友，而找尋五月一日到期的鳳梨罐頭，成為《重慶森林》重度沉迷者彼此認證的密碼。我也常常跟朋友開這個玩笑，問對方手邊有沒有五月一日到期的鳳梨罐頭。

看著重播的《深夜食堂》，開始想像金城武是否可以客串演出一集，就讓他掀開食堂的簾子，問老闆小林薰，請問有五月一日到期的鳳梨罐頭嗎？如果有，那就做成糖醋里肌吧，要不然，鳳梨苦瓜雞湯應該也行。畢竟經過二十幾年，女友阿May肯定是不會回來了。

餡餅與鋼琴的午後協奏曲

「吃餡餅一定要趁熱，燙舌，最好站在攤子旁就吃完，冷掉絕對不行，還要有紅茶收尾不可。」

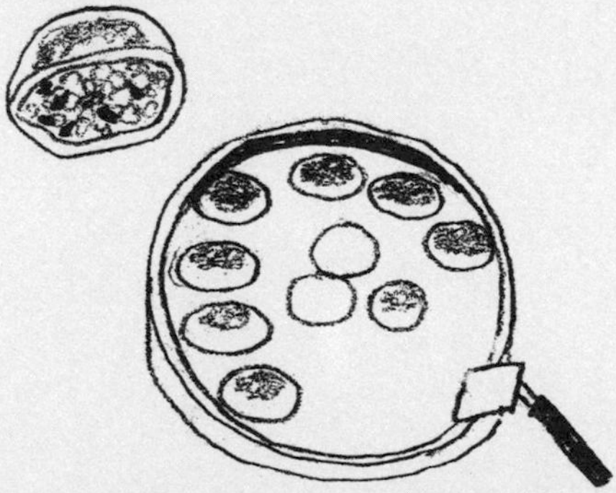

人生初嘗北方餡餅，其實跟午後的鋼琴課有關，往後對餡餅的口感執著就被那段記憶框住，彷彿餡餅和鋼琴默契十足的協奏，已經寫成味覺檔案裡的五線譜。

鋼琴課一直斷斷續續，國小三年級開始彈拜爾，到了六年級還彈不完淡青色封面的小奏鳴曲。六年級校內鋼琴比賽，硬著頭皮上台，討厭看譜，靠記憶硬撐，彈到一半，腦袋一片空，手指下不了琴鍵，索性站起來，對著台下評審老師鞠躬，就下台了。學琴對我來說，好像是一件苦差事，沒什麼毅力跟心思，倒是往返鋼琴老師住家習琴的那段散步路程，混搭著自由流浪跟少許冒險恐懼，反倒是出門上課的誘因。

第一位鋼琴老師住在台南一中旁邊，靠近四維街那側，門前有個大陡坡，兩旁都是有院子的老式獨棟平房。老師家的鋼琴就放在客廳旁的小房間內，一開始的拜爾其實都在練指法跟拍子，旋律很枯燥，我常常聽著節拍器，睏了起來，又不敢打呵欠。老師一家人還跟公婆住在一起，鋼琴聲音背景融入居家日常，老師邊打拍子偶爾還要起身罵一下小孩。

那時我背著很大的背袋，裡面裝著大本琴譜，背袋幾乎垂到膝蓋的地方，一個人走在長榮女中紅色圍牆旁邊的竹林，那竹林早些年有死貓吊在樹頭的傳說，也有竹林某處好像有古老石碑的鬼故事流傳。午後的風吹起，竹林咻咻咻，恰似什麼腳底不著地的蒙面部隊從後方追殺過來，我幾乎是小碎步衝刺，遇到迎面而來的陌生路人還會疑神疑鬼，生怕被攻擊，直到穿出竹林才能喘口氣。為了獎勵自己，會在勝利路百達天主堂對面的冰店吃一杯色澤鮮豔但顯然是人工色素的冰沙來壓驚，那間時髦冰店約莫在現今「波哥」的位置，或左右兩間誤差範圍內，老闆娘是個豐腴且快樂的中年貴婦，我盡量在口袋裡攢些零錢在那裡吃高腳杯冰沙，看到和氣爽朗的老闆娘，有回到人間的安心感。

第二位鋼琴老師租屋在博愛路鐵軌旁，必須走進機車行店面，小心不要踩到修車師傅散落在地板的各式工具，機車行老闆娘通常都坐在店內深處一個鐵製桌子後方，盯著騎樓看。我怯生生地，頭低低的，小聲跟老闆娘說，「學琴」，老闆娘也沒回話，下巴朝著後門一指，我推開門，趕緊關上。門後是個擺滿盆栽的小花園，穿過小花園，老師的房間在最裡側，僅僅一間房，擺一架鋼琴，一張床，幾個書櫃，鋼琴老師一頭長髮，眼睛大大的，長相神似香港女歌手「陳秋霞」。

老師彈琴的模樣很俏皮，我喜歡看她彈奏結婚進行曲的樣子，當時她應該只有二十幾歲，正好是小學女生非常憧憬崇拜的大姊姊模樣。

鋼琴課結束之後，老師會披上外套，送我出門，照例又要穿過油污污黑墨墨的機車行，大概在博愛路與青年路交叉口的平交道附近，有個賣餡餅的小店面，牛肉與豬肉兩種內餡，老闆負責擀餅皮捏餡料，老闆娘專心照顧那口平底大煎鍋。現作現煎的餡餅雖然燙口，可是滋味特別好，尤其是冬天，雙手握著餡餅的小紙袋，好像握著小烘爐，一口咬下，餅皮有恰到好處的焦脆，咀嚼之後又有麵粉的香氣，肉餡油脂緩緩從餅皮缺口溢出來，倉促之間，捨不得浪費湯汁，快速吸了兩下，更燙口了，但實在好吃，我就跟鋼琴老師站在騎樓，面對面，呼呼呼，鬼叫鬼叫著燙，卻又像貪食的小倉鼠一樣，門牙咬著咬著，火速完食。

吃餡餅就一定要搭冰紅茶，也是從鋼琴老師那裡學來的規矩，那餡餅攤也只有豬肉牛肉餡餅搭冰紅茶的選項而已，選項單純也才有辦法專精。我到現在都無法忘記那餡餅留在舌尖齒頰的美好滋味，麵皮與油脂的和弦，紅茶的爽然收尾，寫成餡餅與鋼琴的午後協奏曲。

反正已經過了那麼多年，那就坦白承認，鋼琴課是藉口，鋼琴課結束之後的餡餅，還是比較誘人。

鋼琴老師同時還是我國中的音樂老師，每週兩次早晨禮拜，老師會坐在禮堂二樓彈琴伴奏，我經常在牧師講解聖經的時候偷偷低頭背英文單字，但是老師的琴聲響起，就立即回神，翻開綠皮的學生詩歌，唱著「何等恩友」，唱著「我知誰掌管明天」。

國中之後，沒繼續學鋼琴了，到博愛路逛書店的時候還是會去吃餡餅，會想起和鋼琴老師站在騎樓底下，熱呼呼地，像調皮貪吃的倉鼠，把捧在手裡的餡餅吃下肚。老師那中分長髮底下一雙黑白分明的眸子，講起開心溫暖的事情，會略略扁起嘴巴，然後笑出溫暖的弧形。當時經常掉入青春期的彆扭情緒裡，也就特別喜歡鋼琴老師那慧黠美麗的樣子，常常被她的幽默風趣說服，也就不彆扭了。

一年一年，一年又一年，博愛路的書店越來越少，整編為北門路之後，與書店的關係就更加疏離了。已經忘記那機車行店面的確切門號，也就沒辦法辨別餡餅小店的相對位置，記憶不斷重置覆蓋，我對那餡餅的思念變成往後吃餡餅的挑剔與死心眼，一定要趁熱，燙舌，最好站在攤子旁就吃完，冷掉絕對不行，還要有紅茶收尾不可。

鋼琴老師結婚之後成為牧師娘，好多年了，還是會想起她在機車行天井後方那個小房間，火車經過的時候，轟隆轟隆，至於鐵軌震動的聲音到底有沒有干擾到鋼琴課，已經想不起來了。

鋼琴老師有個美麗的名字，李煦煦。

看了網球好手盧彥勳的臉書粉絲頁，才知道老師住在紐約，還曾經為異鄉征戰的盧彥勳親自下廚煮了一桌台灣料理……沒錯啊，老師一直都是這麼溫煦的人。

不曉得老師還記得台南博愛路上的餡餅嗎？那是我的餡餅啟蒙呢！那時尤其喜歡老師說著什麼堅持或夢想時，笑容與嘴角發亮，看似溫柔卻無比勇敢的倔強，我早就在心裡跟自己約定，長大以後，要成為老師那樣的大人。

4.

甜點 & 飲料

只用來招待客人的咖啡

「客人沒來，那罐咖啡就如同昂貴的飾品。」

一直記得那罐咖啡，對，一大罐，淺褐色玻璃瓶身，裡面是深咖啡色的粉末，卻不是細碎粉末，而是小小顆粒，彷彿住家附近建築工地被敲碎的磚塊細屑迷你版，但稜角更為均一工整，很奇妙的形狀，卻溶於水，是款待客人的高級飲品。對當時還未上幼稚園的我來說，那咖啡罐子，好像遙遠星球來的貴賓，類似故事書阿里巴巴與四十大盜的洞穴才找得到的稀奇寶物，神秘且驕傲，還有因為被大人三令五申不得碰觸的禁忌使然，更加帶有謎一樣的挑釁刺激。

那罐子一直是客廳酒櫃裡的要角，跟進口洋酒並列，腰桿挺得直直的，彷彿古董或獎盃那樣的存在感。母親平日打掃的時候，會用雞毛撢子先將灰塵撣去，再用濕抹布擦出玻璃光澤，最後用乾抹布把水紋抿乾，那罐子就像剛買來的一樣，皎潔明亮。

總之，客人沒來，那罐咖啡就如同昂貴的飾品，放在小孩即使踮腳尖也搆不到的高度。罐子外頭黏貼著英文標籤，但那就是現今看起來一點都不稀奇的即溶咖啡粉，畢竟是戒嚴時期，出國觀光旅遊尚未開放，進口商品罕見，罐裝即溶咖啡粉儼然是奢侈品。不曉得是台南城內友愛街委託行買來的，還是父親的紡織廠往來客戶送的，也有可能是去府前路「克林」買奶粉時，另外發現的珍品，總之，那是小孩碰不得的寶物，令人垂涎卻不能品嘗的禁忌。

為了那罐即溶咖啡粉，母親還特別去東門城邊專賣高級郵輪拆船貨的地方買了四組咖啡杯盤，白底藍花，平日就依偎著咖啡罐排成一列，也成為客廳櫥櫃擺飾。照例要經常擦拭，有客人來訪，那可就是奉命出來待客的重要部隊。母親沖泡咖啡的樣子，以我當時的小孩視野看來，好像西洋童話故事裡的公主王子舞會才有的戲碼，看著看著，立刻入迷，想像自己參與一場不得了的盛宴。

舀一小匙咖啡粉，注入沸騰滾水，湯匙緩緩攪拌，粉末散開來，白色瓷杯也就慢慢漩出琥珀色如寧靜湖面的漣漪，但那琥珀色汁液又在湯匙晃動中，出現半透明的反射光澤。母親會在咖啡盤另外放一根乾淨湯匙，擺兩顆雪白的維生方糖，端到客人面前，那過程總是小心翼翼，不讓杯盤因為手腕顫動，而發出不敬的摩擦碰撞聲響。

客人離開後，咖啡杯也空了，留一點讓小孩舌尖舔一下的餘地都沒有。大人不在家的時候，幾個小孩也曾經互相慫恿誰去搬椅子放在客廳酒櫃前，把那罐咖啡請下來，即使用一根手指頭去沾點顆粒粉末都好，但沒人敢。

喝不到咖啡滋味，那就偷吃方糖。方糖是綠色紙盒外包裝，盒內另外襯一圈白紙。母親在盒裡放一根小鐵夾，避免手拿的溫度，壞了方糖外層的乾爽。趁著母親午睡，我偷偷打開飯廳菜櫥，伸手摸出維生方糖的綠盒子，也不勞動小鐵夾，直接拇指食指一捏，方糖塞進嘴裡，關上菜櫥紗門，飛奔出去，躲在院子跟家裡養的小狗蹲一起。慢慢地，方糖在嘴裡融化的甜蜜，化解了偷吃的罪惡感。沒被發現，膽子就大一些，趁母親午睡偷吃方糖，成了兒時最勇敢的冒險。

上了小學，終於鼓起勇氣，一個人看家的午後，先把一組咖啡杯盤小心取下來，再雙手捧著咖啡罐，好像廟宇請神明那麼謹慎。終於打開罐子，整張臉湊過去，鼻子都塞進罐子裡了，用力吸氣，那味道好微妙，沒辦法形容。

罐子裡的咖啡粉末已經受潮結成硬塊，我學母親拿著湯匙在表面用力刮，刮到足夠一湯匙份量，再小心用熱水沖泡，放兩顆維生方糖，攪拌，攪拌，攪出琥珀色的湖水漣漪。小湯匙舀一口，吹涼，不敢大口喝，只小小啜一下，天啊，這酸酸苦苦又帶著甜味的液體，如何形容才好……那是我人生第一口咖啡呢！

那咖啡罐就一直放在酒櫃裡，直到結成湯匙再也刮不動的硬塊，不知誰想出來的點子，直接注入滾燙熱開水，蓋起蓋子，用力搖晃，家人各自分一杯吧，嘗嘗滋味也好。

玻璃罐子搖了好久，硬塊溶掉一些，倒出來的黑咖啡，又酸又苦，不知道是不是心理作用，好像還有酒櫃的木頭潮濕味，像中藥！

我們幾個小孩陸續準備聯考、頻頻熬夜的那幾年，已經可以在一般商店買到整罐即溶咖啡，也有粉末狀的奶精可以搭配，倒是維生方糖的選擇沒變，有時沖泡克寧奶粉當宵夜時，還是習慣加兩顆方糖提味，很老派的癖好。

後來，三合一咖啡也流行了好幾年，當街頭巷尾出現各種現煮咖啡店，外帶咖啡成為潮流辨識碼，在家自己磨豆也不難，不管用摩卡壺還是濾紙手沖，或是自動咖啡機，或傳統虹吸式，總之，即溶咖啡粉好像退居到二線，或更遠的邊緣了。

我家的白底藍花咖啡杯組還在，畢竟年份有點久了，杯緣出現微微裂縫缺角，花紋也褪色，有了歲月的斑駁感。但提起當年那罐即溶咖啡，到底是Maxwell？還是Nescafe？沒人記得了。

母親年紀大了之後，家裡有客人來訪，總還是覺得泡咖啡招待才夠盛情。只是三番兩次拿了我磨好裝罐的豆子，湯匙舀進杯裡，就這樣端給客人，然後三番兩次向我抱怨，這種咖啡不要買了，怎麼攪都攪不散，對客人不好意思。

或許，我該為念舊的母親準備一罐即溶咖啡，說不定在她內建的主婦魂基因裡，非得要昔時客廳酒櫃的那罐不知是Maxwell還是Nescafe的細碎顆粒咖啡粉末不可，要在杯裡緩緩攪拌出琥珀色的湖水漣漪，配上咖啡盤那兩顆維生方糖，才叫待客吧！

冰淇淋汽水與
夫婦善哉的昔日之味

「沒有一球『活生生』的冰淇淋
浮在『水面上』，就不算數。」

颱風擦邊而過的午後，在窗邊讀著「池波正太郎」的《昔日之味》，真是甜美極了，不過也有些微思念的傷感，體內因此填滿歲月發酵的醍醐味。類似這種記憶佐味的閱讀，往往讓人墜入時光的河，雖然讀著池波先生的文字，但自己跟類似的味道邂逅的回憶，其實也歷歷在目。

書寫食物的文章，原本就引人垂涎，可是令我沉醉的反倒不是那些足以按圖索驥的美食定點，而是與那些味道匹配的時代況味和主客之間的人情故事。美食導覽資訊雖然有許多固定的形容辭藻和達人的星級評論，可是隨筆散文或小說入味的菜色，必須靠閱讀與想像才有辦法從文字內裡品出滋味，也才能勾勒出美味的所在，那可要有點功夫才行。

池波先生是非常出色的時代小說家，出生於戰前的一九二三年，接近「大正」末期，而他與各種滋味邂逅的起源，應該是昭和老派的餐館與味道。他對料理的描述非常有意思，有點偏執，有點率性，又常常與時代劇和小說互相呼應，那些與他長年交往，被他喜歡與讚美的料理人，也有一定的脾氣。

他寫到昔日在大阪新歌舞伎座排練結束之後，一群人喝完酒，會順便去「法善寺橫丁」的「夫婦善哉」吃甜食。那是一家創立於一八八三年的日式甜品老舖，曾經被寫入小說，也拍成電影，招牌甜品就是「夫婦善哉」，是一份兩碗的日式紅豆湯圓。

池波先生形容他們年輕的時候，會將朋友分成兩個派別：「**推杯換蓋的朋友**」和「**去紅豆湯圓店談論電影文學的朋友**」，因為他愛喝酒，也不討厭甜食，所以能左右逢源。那些嗜酒的朋友一旦受邀在酒後去吃紅豆湯圓，會一臉輕蔑，好像要吐出來一樣，「**你開什麼玩笑呀！**」而池波先生原本以為，愛喝酒的人可能不屑於吃甜食，要不然就是愛面子的緣故，然而試過一次，那人卻大吃一驚，「**沒想到酒後的紅豆湯圓竟然這麼美味！**」

如果一份兩碗的紅豆湯圓稱之為夫婦善哉，那麼單獨吃一碗，就叫做善哉吧！

池波先生說，東京的「善哉」，要比所謂的紅豆湯圓口感更厚重，是在熱而濃稠的紅豆餡裡加入小米或栗子，這種東京風味的善哉，大概是從幕府末期開始販售。

我也愛紅豆湯圓，不管是煮得濃稠的紅豆湯加上紅色白色的糯米小湯圓，或是以紅豆內餡搓成圓滾滾的元宵煮成的甜湯，都很愛。

紅豆不好煮，要煮到外皮光滑飽滿，內裡保持鬆軟而沙沙的口感，除了耐心，除了對紅豆品種的理解，以及火候控管的功力之外，就是靠熬煮的經驗了，沒什麼快速竅門。

我喜歡的紅豆湯圓，位在台南府城鬧區的大菜市「泰山冰店」，夏天吃八寶剉冰，冬天吃熱的紅豆湯。他們的紅豆做得極好，簡直是藝術，但厲害的可不只是紅豆的學問，還有湯圓。湯圓放涼之後就乾硬，口感不好，好像嚼什麼橡皮，煮得過於軟爛又覺得沒骨氣，可是泰山冰店的湯圓是現點現下鍋，老闆和老闆娘都有辦法一手握著糯米糰，另一手如武林俠客施展快如閃電的絕技一樣，咻咻咻，等量大小的湯圓就飛起再躍入大鍋熱水裡，沒幾下，浮出水面，探出頭來，隨即用杓子撈起，那湯圓就算被整碗剉冰與糖水埋起來，等到輕銀小湯杓將他們挖出來，入口，外層稍涼，內裡雖有溫度，但不至於燙口，只是那軟Q的彈性維持得恰好，跟剉冰與糖汁或紅豆蜜豆等八寶冰的伙伴們一起咀嚼，就是絕品。到了冬天，那湯圓依然按照一貫的程序製作，不是跟紅豆湯一起在大鍋煮到糜爛。真想邀池波先生來嘗嘗啊，可惜他已經去天堂，而泰山冰店也在前陣子歇業了。

池波先生小學畢業之後，到證券公司工作，跟著表叔去淺草看電影，還去吃了洋食屋的豬排飯，吃完之後，表叔給他點了一杯冰淇淋汽水，「入口的那一刻，著實令我吃了一驚……果汁汽水中，漂浮著冰淇淋。吃下冰淇淋，喝著飲料，最後二者融為一體，味道真的太棒了！」

閱讀這段文字，唇齒之間，一陣冰涼甜味，記憶排山倒海而來。池波先生初嘗冰淇淋汽水，才十三歲前後，就已經敢一個人去銀座資生堂，點一份雞肉炒飯，再以冰淇淋汽水收尾。而我初次吃日式洋食和冰淇淋汽水的年齡，應該比池波先生的十三歲還要早。

還是小學階段，父親經常在星期日帶全家外出用餐，可能先去台南公園野餐，晚餐去火車站二樓的鐵路飯店吃外省合菜，或一整日都在天仁兒童樂園玩，當天就在園內的飯店用餐看表演。有一陣子常去西門路「大舞台保齡球館」，不是打保齡球，而是在球館二樓的餐廳吃飯。那餐廳有一大片透明玻璃，可以俯瞰一樓的保齡球道，一邊用餐，一邊聽著球瓶倒地的撞擊聲。

那餐廳賣西式餐點，但嚴格說起來，比較像是日式洋食，蛋包飯或漢堡肉配米飯與鐵板牛排之類的，最後再以甜品飲料收尾。我在那裡品嘗了人生最初的冰淇淋汽水，寬口高腳杯，顏色鮮豔的汽水，上層漂著一球香草口味冰淇淋，服務生會送來一支吸管和一根細長湯匙，挖一杓冰淇淋的同時，還順帶舀出少許蘇打氣泡，就那樣萬分焦慮地，一邊害怕冰淇淋溶得太快，一邊又怕氣泡嗆口的力道越來越弱，吃太快又擔心額頭抽痛，忙得不可開交。家人有的點了冰淇淋咖啡或巧克力聖代與香蕉船之類的甜品，造型都好歡樂，可是冰淇淋汽水還是多了一些淘氣的玩興。

後來有飲料廠商真的推出冰淇淋汽水，可我當時也才小學生，卻不肯妥協，充其量那種玻璃罐裝的冰淇淋汽水，只不過多了香草甜味罷了，沒有一球「活生生」的冰淇淋浮在「水面上」，就不算數。

到了花甲之年的池波先生，依然很愛冰淇淋汽水，還會暗中觀察其他客人都點些什麼，「雖然年輕客人很多，可是幾乎沒有點冰淇淋汽水……我才猛然發覺，難道這種飲料已經被時代淘汰了嗎？」

我能理解池波先生的落寞，畢竟那是寫入歲月的滋味，沒有那種驚喜入口瞬間即刻雀躍起來的經驗，就無法體會冰淇淋汽水之於一個小孩的味覺啟蒙是多麼巨大的存在啊！

甘蔗的大人味

「邊看電視新聞邊啃甘蔗，
那是餐後的重要儀式。」

突然發現，甘蔗在菜市場消失了，連甘蔗汁的攤子都少見。

至今仍會想起小時候一段非常模糊的記憶，似乎是跟著家人回到阿公阿嬤家，去了村子另一頭的甘蔗田，據說那區甘蔗田是日本時代種來交給會社做糖的，可又聽大人說，做糖的甘蔗跟削來吃的甘蔗不同。那段模糊的記憶恐怕是兩、三歲或更早，可以記得片段，就已經不錯了。

不過，阿公阿嬤家的三合院簷廊下，倒是經年累月都歪斜立著幾根甘蔗，削甘蔗是需要技術的，大人們削甘蔗所展現的不只是功夫，還有個人風格，更有鬥嘴的本事。

厲害的大人，一手拿甘蔗，一手拿刀，從中段開始往下削，邊削邊轉，繞完一圈之後，就頭尾倒轉，再轉一圈削完，最後斬成一節一節，俐落得很。

大人們互相批評誰的削功不好，誰的姿勢不帥，小孩只能蹲在一旁傻笑等吃，誰都不准碰那把削甘蔗的刀子，那刀子利得很，倘若不利，如何讓甘蔗皮落下如飛濺的紙片，看起來輕鬆，花的力氣可不小。

我看過穿著時髦套裝的四姑和尾姑削甘蔗的模樣，簡直是武功高強的俠女等級；父親削甘蔗的風格比較像擅長雕刻的匠師，動作慢，但削得均勻削得美；阿伯削甘蔗的速度快，咻咻咻，彷彿有風；尾叔比較倒楣，因為排行最小，常常削甘蔗削到一半，被其他兄姐取笑揶揄，被迫提前出局；如果是阿公削甘蔗，沒人有意見，子孫安靜圍成一圈，不敢吭聲。

年紀較大的小孩可以學大人啃甘蔗，還沒換牙的小孩，就拿著碗，站在阿嬤旁邊排隊，阿嬤會用水果刀將甘蔗切成一口大小，那刀工又是另一種夢幻層次的藝術。

甘蔗的甜不是一般甜，而是爽口的清甜。慢慢嚼出滋味，再吐出甘蔗渣，跟先前削好的甘蔗皮堆成小山，過不了多久，蒼蠅部隊就來了。

以前台南東安市場還很熱鬧的時候，光是削甘蔗的攤子就有好幾個，我跟母親上菜場買菜時，都要削一根甘蔗回家。攤子老闆挑甘蔗的樣子好像神秘的江湖術士，總會彈指敲敲甘蔗，聽聲音，說那根甘蔗「飽水」。母親也跟著彈指敲敲甘蔗，照例要嫌棄一下，看看能不能殺價少些零頭，湊個整數。

甘蔗削好，均分成段，透明塑膠袋一紮，回家放進冰箱冷藏。吃過晚飯，一人一根甘蔗，圍著客廳桌子中央一個塑膠水瓢，邊看電視新聞邊啃甘蔗，先把甘蔗渣吐在自己的手掌心，掌心滿了，再丟進桌上的水瓢，那是餐後的重要儀式。

上小學之後，每天都會經過台南勝利路靠近東門城圓環的轉角，那裡有個小攤，賣現削甘蔗，也賣甘蔗汁跟紅茶。我跟同學不買他們的甘蔗汁，反而喜歡老闆現搾的檸檬加紅茶。同學們起鬨說甘蔗汁是大人喝的，小孩喝檸檬紅茶才對味。

大概在國中前後，因為上排前齒陸續出問題，補牙之後，對於啃甘蔗就有了陰影。很怕前齒扣住甘蔗，不管往上扳還是往下扳，牙齒就跟著甘蔗掉下來。

好幾年來，幾乎沒吃過甘蔗，漸漸地，發現市場削甘蔗的攤子少了，賣甘蔗汁的攤子也不多。然而父親那一輩，還是把甘蔗視為好物，「甘蔗同溫層」的好友們，知道哪個市場哪個攤子的甘蔗好吃，再遠都會買來互相餽贈，那是充滿大人味的交情。

小時候，看著大人削甘蔗的模樣，看他們一開始削去黑色晶亮的外皮，削出一小截白色甘蔗，總會豪邁先咬一口，再豪邁吐出甘蔗渣，對著圍觀的小孩們比出讚的手勢，那可是非常不得了的炫耀跟分享。那時，我應該很期待長大之後可以學會整套削甘蔗的功夫吧！

可惜要像童年一樣，能夠有那般寬敞的三合院空地，能夠在紅磚牆角堆一整把甘蔗的空間已經不多了，更別提朝著地上率性吐甘蔗渣，就算蒼蠅來糾纏，之後掃一掃丟去屋後菜園當堆肥，再提一桶水把地上沖一沖就可乾淨收尾的甘蔗品嘗模式，想要復刻重現，似乎不容易了。

學父親吃芒果的樣子

「直剝直吃，味道與口感都處於最好的狀態，終於找到吃芒果最盡興的模式了！」

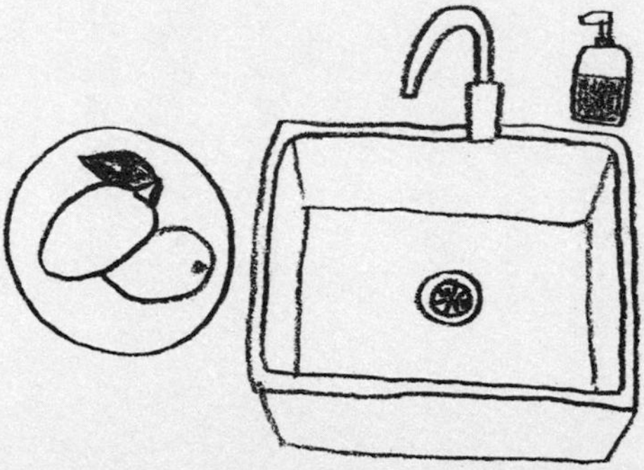

人的一生，總是不斷跟各種味道產生連結，或因此一輩子鍾愛，或從此不肯嘗試。我自己的芒果滋味啟蒙，倒不是現在大家喜歡的紅色愛文，而是帶點酸度、纖維質與水分的比例相當奇特的綠皮土芒果。

住家附近的巷弄一直都有芒果樹，後院甚至有棵蓮霧，那時的水果大概都偏酸，棗子與桃子不僅酸還很澀，吃多了，總覺得肚子有點怪。至於土芒果，往往熟透了落下來打中路人腦袋，這種事情常被小學生拿來當笑話的梗。

市場水果攤的土芒果總是堆成小山丘一樣，母親提著沉甸甸的菜籃，還要空出一手打陽傘，因應一家六口人，平均兩顆或更多的芒果需求，到底如何從東市場步行回到紡織廠宿舍？那段路走來應該很崩潰吧！途中也許在青年路平交道停等火車，可以短暫把菜籃擱在地上，掏出手帕擦汗。母親那時才三十歲出頭，每到夏天，就要在豔陽下，展開市場採購芒果的苦行。

買回來的土芒果裝在大水桶，像一群擠在教室走廊排隊、等待前往操場參加升旗典禮降旗典禮的頑皮小孩。那外皮的觸感有種糖霜溶解過的黏度，必須用清水先洗過一遍。晚飯過後，一家人圍著洗澡用的大面盆，由父親挑選熟透還有黑色釘點的芒果，令小孩一人一顆，雙手指頭慢慢捏，把芒果捏軟之後，就可以從頂端咬個小洞，一邊吸芒果汁，再一邊持續擠壓，吸到乾扁時，就交給大人處理。大人會撕開芒果皮，咬走纖維果肉，最後剩光溜的芒果籽，用水沖洗，翌日再放到大太陽底下曬乾，也不曉得做什麼用，小孩偶爾拿來當毽子踢，或跳房子的時候，取代小石頭。

吃土芒果的樣子，就是家人圍著大面盆，搬了小板凳，手肘擱在大腿上，上身前傾，絕對不讓鮮黃芒果汁液滴到衣服，一旦滴上就成印漬，洗不掉，夏天過後，每個人的白色短衫多少都留下黃色斑點，有時母親給我們披上毛巾，再用曬衣夾固定，看起來很滑稽。

吃芒果的儀式結束之後，大面盆翻過來，拿塑膠水管來沖洗，順便連磨石子地板也刷乾淨，小孩們有沒有趁機玩水，已經想不起來了。土芒果不盡然甜，帶點俏皮的微酸，纖維口感豐富，最後剩下來的芒果籽，好像剛洗完頭的金毛獅王。

可是芒果吃多了，難免身體濕冷，皮膚會長小水泡，母親就煎麻油荷包蛋，或煎破布子豆腐，據說可以驅身體的寒氣與濕氣。

紅色愛文芒果剛出現時，簡直像小顆土芒果的遠房親戚來報到，裝扮豔麗討喜，相較於土芒果的價格，愛文似乎貴多了。偶爾家裡買一顆，切成小方丁，大家分著吃，母親就啃那顆芒果籽。後來，愛文的籽慢慢進化成薄片，不曉得怎麼辦到的。我試過各種愛文芒果切法，外皮用撕的或用刨刀去除，再將果肉切成薄片，或整顆帶皮削下如一葉扁舟，再從果肉畫出十字小方塊，往外翻，再一刀皮肉分離，切愛文好像練功夫，果肉裝盤給客人吃，自己負責吃芒果籽。就算怎麼小心，總有幾次濺到芒果汁，後來索性跟小時候一樣，脖子纏一條毛巾，再用曬衣夾固定。

我自己喜歡愛文勝過土芒果，光是那深淺漸層的紅色外皮就讓人開心不已，常常站在水果攤位前，拿不定主意，不知如何挑選。因為品種或色澤與大小而有了單價的差異，自己也不是太精通，光看外表判別，也都是甜而多汁，可見台灣果農多麼厲害。

芒果品種越來越多，也因為產地氣候不同，好像從甜度香氣或外觀，可以吃出一些特色。我倒是不拘泥，只要是愛文之類的紅色外皮芒果，都想嘗嘗，反倒是啟蒙的土芒果，已經好久沒吃了。但父親很愛土芒果，他說土芒果才有本格芒果味。常常見他午睡醒來，站在水槽前，不到一分鐘完食一顆，十分迅速。

後來我也學父親，站在水槽前方吃愛文芒果，既不預先削皮也不切片切塊了，直接低頭彎腰，先在愛文芒果頭頂畫一小刀，咬掉一小塊，再慢慢撕下一片一片外皮，先把外皮內側的纖維啃乾淨，再來大口吃果肉。冰過的最好，一路從嘴裡滑入肚子，好像迎面拂來森林的涼爽霧氣。直到芒果籽都啃乾淨，隨即扭開水龍頭，手掌洗到手肘，再用雙手捧涼水，把臉頰和下巴都洗乾淨，好個清爽的結尾。

直剝直吃，味道與口感都處於最好的狀態，終於找到吃芒果最盡興的模式了！

對我來說，夏天如果沒有吃愛文芒果，夏天就不可能「本格化」。尤其歷經寒害，那些有辦法一身紅潤，帶著香甜水分前來相會的愛文芒果，可都是挺過嚴苛的天氣試煉啊！因此我站在水槽前，捧著剛從市場買來的愛文芒果，忍不住在內心宣誓，親愛的芒果，放心吧，我會一併帶著你的強韌，勇敢跟夏天高溫宣戰……但明明就是自己愛吃啊！

《新參者》之排隊鯛魚燒
到底有沒有

「鯛魚燒非得趁熱吃不可，外皮鬆軟，
邊緣最好有點小小的焦脆口感。」

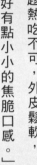

東野圭吾的作品《新參者》。先看日劇，再讀小說，之中相隔四年之久。日劇反覆重播，也就重複看了好幾次。健忘觀眾的好處就是快速遺忘劇情，下次再看也不必擔心線索早已破梗。

加賀恭一郎警官跟演員阿部寬的模樣重疊，熱天穿著西裝在「人形町」小巷名店排隊買「鯛魚燒」的阿部寬，在老鋪與命案嫌疑人搶買最後一盒人形燒的阿部寬，提著玉子燒和煎餅當做辦案伴手禮的阿部寬，不聲不響就出現在店家玻璃門外又毫無表情的阿部寬……

經過四年，讀了小說才知道，加賀警官的定番打扮是T恤外加短袖襯衫，並沒有一位很帥的表弟跟著一起辦案，至於排隊一直都買不到的鯛魚燒，在小說裡面根本沒出現。

小說與戲劇，原本就是可以分開對待的作品，無須樣樣比對，畢竟不是在日本橋警察署辦案，不過比對也有樂趣，至少知道改編的功夫與用意。

◆小說沒有出現的鯛魚燒……

日劇情節頻繁出現的鯛魚燒，店面位在小巷內，「這次應該沒問題吧」「照理應該排得到」……來到人形町辦案的加賀警官，站在購買鯛魚燒的隊伍尾端，身形特別高大，不斷被店員小妹消遣挖苦，因為排隊是加賀警官的人生瓶頸，鯛魚燒是阿部寬始終吃不到的排隊美食。

實際來到人形町的「甘酒橫丁」，鯛魚燒名店不在小巷，而是一家創立於大正五年（一九一六年）的老店「柳屋」，名列東京鯛魚燒「御三家」。排隊行列很長，多數是穿著西裝的上班族，咦，午後兩、三點，蹺班嗎？

鯛魚燒內餡是北海道產紅豆，紅豆要煮到綿密，保有「沙沙」的口感才好。我排在行列之中，看著師傅翻轉模具，行列移動緩慢，進到店內之後，氧氣缺乏，香氣卻很濃，回頭看著行列尾端，沒看到高大的阿部寬。

鯛魚燒非得趁熱吃不可，外皮鬆軟，邊緣最好有點小小的焦脆口感，入口當下，由於貪吃燙舌而唉叫幾聲彷彿炫耀，隨即又因為急著想要品嘗紅豆內餡的滋味，冒著二次燙舌的風險之前，先吹幾口氣，弱風就好，絕對不要破壞鯛魚燒的熱度。多數排隊的客人都只買一片，一片恰好，兩片過飽，立刻站在路邊完食。我看那幾個拿著公事包、穿著西裝來買鯛魚燒的日本上班族都是這麼辦，邊吃邊從口鼻冒出熱氣，所謂上班族的小確幸嗎？

鯛魚燒冷掉之後，口感就弱了。台灣日系百貨也賣鯛魚燒，紅豆內餡奶油內餡芋頭內餡花生內餡，只是排隊熱潮一過，鯛魚燒做好，等不到客人，難免寂寥，身體發冷之後，只能靠二次加溫，但外皮溫了內餡卻無動於衷，排隊不排隊，果然有學問。

◆人形燒之有餡無餡或芥末餡？

料亭小師傅偷偷摸摸買了「包餡七個，無餡三個」的塑膠盒裝人形燒，是幫老闆張羅幽會小三的甜點，可是人形燒卻出現在命案現場，其中一個還是芥末餡？

面對加賀警官的詢問，料亭小師傅謊稱十個全部自己吃掉，「**白天吃掉了一些，剩下的晚上吃掉了……**」

人形町名物當然是人形燒，七福神笑臉，紅豆內餡或無餡。水天宮對面的「重盛」，還有靠近甘酒橫丁的「板倉屋」都算老舖。我跟料亭小師傅一樣，不愛甜食，所以無餡勝有餡，因為小巧順口，「白天吃掉一些，剩下的晚上吃掉」其實不難，我在人形町周邊散步，走到明治座，就已經完食一盒了。「板倉屋」老店還有戰車大砲造型的「戰時燒」，想起台灣路邊也有這種「燒」，動物造型或槍枝造型，無內餡。如果是圓形包餡的，泛稱紅豆餅，再由紅豆餡向外擴展為芋頭餡和奶油餡，甚至有包菜脯鹹味內餡，小攤位靠的是鐵模具翻轉，大攤位是大輪盤，靠老闆手執小尖鏟翻面，亦有俗稱「車輪餅」。

人形燒塞入芥末內餡，是料亭老闆娘的詭計，光是想像芥末嗆味，就知懷疑老公不倫的老闆娘果然一肚子氣。

◆煎餅有兩種，但牙齒要夠好

煎餅，似乎有兩種，一種是類似從小吃到大的義美煎餅，麵粉原料，如瓦片那樣，咖啡色，但也有烤色不均的時候，變成較淺的米色。我偏愛深烤色，不過門牙要夠猛，否則咬下瞬間，喀啦一聲，牙床振動，很嚇人。

母親說我嬰兒期斷奶困難，小聲假哭撒嬌如貓叫，大人只好賞一塊煎餅，反正還未長乳牙，咬不斷，頂多吸吮，口水沾濕，舔煎餅香氣。現今想來，類似寵物骨頭的概念，真慘。

另一種煎餅以米為原料，醬油口味居多，近來也有蜂蜜口味、明太子口味，較瓦片形狀煎餅來得薄脆，圓扁狀，有米香，嚼感很好，如果是店內當場手工製作，吃起來有餘溫，搭配煎茶，特別對味。

老街小店的手作煎餅，多數按照口味分門別類疊在玻璃大罐子裡，大罐子成為店內裝飾，可單片採買，用薄薄L型紙袋當作煎餅外衣，邊走邊吃，江戶人的模樣。

小說第一篇章的「甘辛」煎餅老鋪拍攝地，就位在「甘酒橫丁」的「草加屋」。非假日午後，店內客人只有我一人，因為過於入戲，以為顧店的應該是老奶奶，但其實不然。買了兩種口味，還帶走一袋NG煎餅，外觀有點破碎，但價格好便宜，碎裂成小塊容易入口，店員說這種NG煎餅其實很搶手。

加賀警官到陶瓷舖打探線索時，就拎了一紙袋煎餅，「不嫌棄的話，這個送你們好嗎？不過是兩天前買的就是了。」陶瓷舖那位跟媳婦處不好的婆婆說，「以前常吃呢，只是現在的牙不太行了……」

果然要趁著牙齒好的時候多吃點煎餅才是啊！

◆燒肉店的玉子燒

「您已經聽說了嗎？唉，我不曉得該送給日裔外國人什麼伴手禮比較好，最後挑了那樣東西，立花先生沒生氣嗎？」

「當然不會生氣，不過他還是覺得您是個很特別的刑警先生就是了。」

「走在人形町，會看到各式各樣的店鋪，每家店都會讓人忍不住想走進去買個伴手禮送人呢。不過看到刑警帶著一盒玉子燒上門拜訪，可能真的滿不舒服的吧，我以後會注意。」

這是加賀警官跟命案第一發現者「多美子」女士的對話，立花先生是多美子論及婚嫁的男友。

玉子燒是道功夫料理，蛋汁薄薄一層注入方形鍋內，靠手持筷子的功力跟鍋子上下前後挪移的角度，將蛋皮捲起來之後再淋上蛋汁，再朝同一個方向捲起，手腕的技巧很重要，盡量將蛋皮不殘留捲摺痕跡，緊實地裹起來，要鬆要軟還要潤，有雞蛋香氣跟適切的甜度，最外層最好烙下虎斑豹紋那樣的印記，微微浮現就好，色澤過深就刻意了。

不過人形町的玉子燒卻是賣燒烤起家的「鳥忠」名物，幾年前有機會路過時，忘了加賀警官跟立花先生這段情節，總之，錯過了。

◆同場加演的孤獨美食家

「加賀先生，您這樣已經不是在辦案了吧？」多美子竟然問了這個問題，莫非，她已經察覺，加賀恭一郎其實是披著日本橋警察署外衣的「孤獨美食家」？

不是這樣的，加賀警官如此回答：

「刑警的工作不只是偵察辦案而已，如果有人因為事件而心靈受到傷害，這個人也算是被害人了。而運用各種可能的方法幫助這樣的被害人，也是刑警的職責之一。」

據說，東野圭吾當初在雜誌連載這部小說時，反覆到人形町散步，小說能夠如此入味，想必改編成戲劇之前，編劇也反覆前去人形町散步吧，否則怎會把鯛魚燒也補上，還成為串連每集的重點。

即使是命案解謎的推理小說，也有各種食物的滋味呢！

剉冰才是猛夏的救贖

「我喜歡的剉冰店，必然要有傳統古早的各種料，裝盤列隊，可以一一點名，那才有本事解夏日的癮。」

剉冰是很不簡單的夏日料理，但稱之為料理，似乎有點嚴肅，比較近似於甜點，但又不像甜點那麼拘謹。然而厲害的剉冰，是需要耐心和時間的一門功夫，絕對不是冰塊磨細，淋上糖汁那麼簡單而已。

剉冰應該是中醫師眼中的討厭鬼與破壞王，畢竟人體內的五臟六腑是有溫度的，炎炎夏日，吃冰或灌冰水簡直犯了中醫大忌，若有耐得住冰水的腸胃和體質，誰都想三餐吃冰度過夏天吧！

這幾年夏天的月份拉得很長，五月就已經突破三十二度，到了十月還有三十四度的水準，熱到極致的時候，對剉冰就產生濃烈且病態的垂涎。因此在高溫正午跋涉，找一間合味的冰店，不可以是免洗碗，不可以是塑膠湯匙，必然是瓷碗，銀色金屬湯匙才行。盛夏高溫，滿身大汗，眼前一碗剉冰，簡直夢幻，直到入口，才相信那碗冰不是短暫的海市蜃樓，是紮實的滅火英雄。

偏偏，可以爽快吃剉冰的地方不是那麼密集，比Pokemon Go灑櫻花的密度還要低。因為剉冰備料繁複的程度猶如鈴木一朗拉筋熱身，雖然俗語說，論到賺錢，「第一賣冰，第二做醫生」，但賣冰要有賺頭，也要有那種體力跟技術，能做出口碑，做得長久，才厲害。

我的剉冰啟蒙可能是台南勝利路與青年路口「東海園」的蜜餞四果冰，也有可能是老家台南將軍鄉北埔村飼料行附近的亭仔腳擺攤賣的粉粿冰。小學下課後，會跟同學結伴到東安戲院前方鐵皮違建搭起來的冰店吃剉冰，攤子上的白色藍邊珐瑯大碗，滿滿的綠豆、芋頭、紅豆、花生、粉圓、仙草、愛玉、地瓜、蓮子，擺起來就有軍隊集合的氣勢，那上頭還有幾條繩子繞圈圈掃來掃去，據說可以驅蠅。照例可以挑四種料，各一湯匙的份量，老闆靠手腕轉盤的柔軟度，在剉冰機器下方晃一晃，冰塊剉剉剉，成一座尖尖的小山，再淋上糖汁，插好湯匙，過程猶如魔法，如操作布袋戲偶那般靈巧。同學喜歡把碎冰壓碎，我則是小心翼翼，從白色冰山角落鑿個洞，慢慢把料挖出來，盡量維持冰山的模樣跟冷度，這是我向剉冰致敬的模式。

高中鄰近府前路有名店莉莉冰果，但我跟同學最常窩在南門路上的迦南，週六半天課，先吃熱的鍋燒雞絲麵，再吃紅豆牛奶冰收尾，窩到三、四點才回家。

大學到了淡水，習慣去側門水源街二段的綠野吃剉冰，有時吃剉冰還配滷味。大三移往城區部，偶爾吃政江號，或走遠一點去公館吃台一。每週上完體育課，全班會拉去永康公園對面吃冰，包場的氣勢，熟到班上那個同學被當掉，老闆娘都知道。那時永康街只有當地居民跟空堂沒課的大學生在那裡晃來晃去，還沒出現芒果冰跟觀光客。那間冰店也賣雞絲麵跟甜不辣，說來奇怪，冰店兼賣雞絲麵，好像是默契。

這幾年習慣吃的冰店，除了台北艋舺的龍都，台南西市場的泰山，南紡夢時代附近的黑糖剉冰老店，偶爾經過台北後圓環日新國小，就會來一碗莊家芋圓綜合剉冰，如果去大稻埕就吃顏記杏仁露加紅豆。

厲害的冰店，光是備料就是大工程，日復一日，彷彿修行。我自己煮過紅豆綠豆芋頭，火候跟甜度都不好拿捏，最厲害的功夫就是熬煮到內裡鬆軟而外層不崩解，譬如摻入剉冰之內的湯圓還有辦法嚼感與嫩滑兼具，那可是不得了的功夫。而糖汁要有適度的甜還要有適度的香，入口之後緩緩跟唾液的溫度達成和諧的共處，那才叫夏日的救贖。

我喜歡的剉冰店，必然要有傳統古早的各種料，裝盤列隊，可以一一點名，那才有本事解夏日的癮。料太多，難免猶豫，但料太少，又覺得不夠意思，即使挑來挑去，愛吃的料也就那幾種，倘若拿不定主意，就選八寶冰，感覺像百貨公司買來的福袋，打開才有驚喜。

近來流行的芒果冰，對我來說太澎湃了，一碗往往過飽，吃到額頭發疼，價格也貴許多，情願切盤蕃茄沾糖薑醬油膏，畢竟那也是鄉愁。

前些日子去了日本姬路城，正午時分，看到路旁賣那種顏色鮮豔的剉冰，想起日劇裡的夏日煙火祭典，穿著鮮豔花色浴衣的女孩們，手捧顏色鮮豔的剉冰，好個青春無敵。那顏色豔麗到陽光反射都刺眼的程度，桃紅色是草莓，藍色叫做夏威夷Blue，典型的彈珠汽水甜味，可是鬆軟的冰山裡，沒有料，好空虛。

願意像古早冰店那樣，一日備好十數種料，從削芋頭地瓜到親手作粉條芋圓湯圓，仙草愛玉粉圓都是古法不加粉，豆花原料是非基改黃豆，生意要做得長久，還能挺過冬天，一碗至多五十元，再貴就過份了。這種標準，還堅持不做連鎖加盟，應該沒那麼容易。如果不是老店的老頭家繼續撐，未來恐怕要吃冰，只能去便利店吃人工香料冰了。

所以才說，剉冰的奧義，不只需要店家的堅持，還需要費工的付出，對吃冰的人而言，那還是度過猛暑高溫的勇氣。

就算節氣處暑過了，接棒的秋老虎也不是等閒之輩，吃剉冰的日子起碼延續到秋冬交棒。天冷之後，或許才會懷念夏天的熱，而冰吃多了，就該準備以麻油料理來收尾，這夏秋交替的食療規矩不知道有沒有醫學根據，但每一年的四季輪轉，寒暑接棒，不都是這麼辦的嘛！

「吉田修一」筆下的罐裝飲料是寂寞的

「倘若路過，不塞幾個銅板到販賣機肚臍高度的投幣孔，帶一罐飲料離開，好像很無情。」

「我總會在按下罐裝咖啡按鈕的瞬間，心想：喝了這個，嘴裡會變得甜甜的，馬上又會想喝烏龍茶吧。除了我之外，難道沒有其他人也會這麼覺得嗎？而且，一罐又只要一百二十元」……吉田修一・《熱帶魚》

真沒想到，擅長書寫都會男女寂寞心境的吉田修一，寫起自動販賣機和罐裝飲料，也這麼寂寞。

寂寞在吉田修一筆下，等同於日常。寂寞化成小說文字，擰出平淡汁液，閱讀之後，好像喝了罐裝咖啡，無糖少糖或偏甜重奶，最終留在舌根的唾液，都有胃酸反芻。咖啡氣味死纏不休，口腔好像牽掛著什麼說不出口的難題，微微的黏膩。忍不住，會想要把喝過罐裝咖啡的嘴，湊在水龍頭底下，汲一口冰涼自來水，呼嚕呼嚕，漱口，沖淡嘴裡那股酸甜摻雜的餘味。投幣購買罐裝咖啡的用意究竟想怎樣，提神？解渴？或只是在那片段畫一條分隔線，可以拿著飲料罐，轉移注意力而已。每次我喝著自動販賣機投幣買來的罐裝飲料時，都會重複想起這個問題！

吉田修一的小說《熱帶魚》，第二篇章〈綠色碗豆〉，男人因為朝女友丟擲綠色碗豆，女友奪門而出，短暫失去聯絡。男人探視住院的祖父之後，返回女友住處，「空罐凌亂散佈屋內，咖啡、百事可樂、利樂茶、寶礦力……我一天到底要喝幾罐罐裝飲料啊。每次在自動販賣機買飲料時，大概都會一次買兩罐，像是烏龍茶加咖啡，或是碳酸飲料加百分之百柳橙汁。實際上，有時候兩罐全喝完，有時也會各剩一半就直接扔掉……之前看談話性時事節目做的『發飆的孩子們』專題報導，說要是只讓孩子喝罐裝果汁，就會變得暴躁易怒，同樣理論也能套在成人身上嗎？」

我理解了，「喝了這個，嘴裡會變得甜甜的」，所以就買了烏龍茶來漱口。所以吉田修一站在自動販賣機前方，想的是這回事啊！

日本各地站立在路邊等候買家的自動販賣機早就擬人化了吧，不管天候也不管季節，不會任意離開的死心眼。倘若路過，不塞幾個銅板到販賣機肚臍高度的投幣孔，帶一罐飲料離開，好像很無情。

最無法拒絕的是那種可以按照口味喜好「量身沖泡」的熱咖啡販賣機，拿鐵或卡布或美式或黑咖啡，甜度多少，奶精要不要，一個一個按鍵，一個一個口令與動作，立刻決斷也好，反覆猶豫也沒關係，絕不會像操作電腦網頁或銀行ATM那樣，超過時間就跳開畫面拒絕交易。總之，一杯咖啡儘管拿時間和生命來琢磨，按下決定鍵之後，販賣機內部好像忙了起來，紙杯先落下，滾燙咖啡緩緩注滿，滿到百分比最完美的高度，然後你就只管優雅假掰地打開販賣機的透明塑膠小門，也是在肚臍的高度，那咖啡是按照自己意願調配出來的，調配咖啡的師傅就坐在販賣機裡面，白色襯衫，黑色圍裙，還留著小鬍子。

後來在九州的公路休息站，發現類似的販賣機進化了，除了現沖咖啡，還有濃湯品項可以選擇，這下子，穿白襯衫的小鬍子師傅，除了咖啡的專業技術，還要另外學習濃湯烹調，但一個人坐在販賣機裡面，也很寂寞。

有一次去了東京近郊「青梅」，平日的關係，車站周邊店鋪幾乎都休息，我走在安靜的小路，好像闖入宮崎駿動畫的某個城鎮，發現沒有營業的米店門口，自動販賣機亮著燈，賣的不是罐裝飲料，而是包裝米。販賣機下方的出貨口，大概在膝蓋的高度，如果是鎮上的老奶奶來買米，因為膝蓋跟腰不能使力，可能沒辦法把包裝米從販賣機「拖出來」吧！

然而，罐裝飲料還是販賣機用來販售「寂寞療傷」與「義氣相挺」的大宗，小說或電影或日劇，那些為了替好友打氣的橋段，都是靠販賣機的罐裝飲料來表態，天冷的時候，拿熱熱的罐子來溫潤挫折，特別管用。因此想起日劇《大搜查線》的經典台詞，就出現在灣岸警署自動販賣機旁，青島警官與室井管理官，不曉得誰投幣買罐裝咖啡請了誰，總之，「辦案的重點不在會議桌上，而在現場」，這名句搭配男子漢的罐裝飲料，多麼熱血。

好了，回到吉田修一的小說，因為烹煮咖哩飯時，丟擲綠色碗豆而鬧翻的情人，和好之後決定做一道糖醋豬肉，兩人跑到橫濱中華街買食材，連搭配中華料理的旗袍跟功夫裝也買了。因為糖醋豬肉很完美，吃得盡興，男人拿起啤酒空罐，拿出麥克筆，「試著用這個寫下想說的話，心情會很暢快」，女友凝視著空罐好一陣子，然後寫下：「抱歉」。

「對什麼抱歉？該不會是因為偷情那件事吧？」

「不是，是因為偷那種男人……覺得很抱歉。」

女友開始收盤子時，男人拿出地圖和垃圾袋裡面的飲料空罐，咖啡空罐寫上自己的名字放在池袋，再寫上女友的名字放在荻窪，在百威啤酒空罐寫上祖父的名字放在醫院所在的川崎……認識的朋友各自在空罐上面標上名字，再把空罐放在地圖的相關位置，最後甚至拿出通訊錄把認識的人陸續寫在空罐上，再放到他們居住的地方，沒多久，「沿著各條路線都被放上了各種空罐」。

深夜醒來，男人在客廳抽了兩根菸，心想，「要原諒女友偷情，感覺上非常容易」，可是他卻拿起放在桌上的空罐，試著寫下幾個斗大的字「不原諒」……「這真的是我老實的心境嗎？真的不原諒，又或者，只是假裝不原諒而已……得到不原諒的結論是很好，只是所謂的『不原諒一個人』到底應該怎麼做呢……我實在不知道當你決定不原諒一個人時，該做些什麼？」

於是他從錢包拿出五百元銅板，用膠帶將硬幣貼在寫著「不原諒」的空罐上。

空罐殘留少許飲料的氣味，空罐寫下情人之間的抱歉與不原諒，比起LINE或臉書訊息，寫在空罐上面的不原諒，有一部分是逞強，有一部分是撒嬌，也有可能什麼都不是。如果真的不原諒，一腳把罐子踢走就可以了啊！

要原諒一個人的方法不少，至於，不原諒一個人的具體作為，到底是什麼？

讀完小說，到地下室丟垃圾時，看到社區鄰居集體產出的三大桶資源回收空罐，不管是留著牛奶殘漬的透明塑膠瓶，還是被捏扁的啤酒空罐或咖啡空罐，各種品牌，各種被飲用當時的情緒，被主人丟棄之後，等待被回收再利用，這循環過程根本是小說的佈局。突然間，很想上樓拿黑色奇異筆，在那些空罐上面寫些字，譬如，抱歉／不原諒／寂寞啊／開心呢／超不爽……

但是垃圾收集處的蚊子很多，用黑色奇異筆替空罐落款的企圖，有極高難度，被吉田修一小說附身的動機暫且作罷。

往後在路上遇到亮著燈光的自動販賣機，投幣之後，看到滾落的飲料罐子，咚一聲墜落時，身為小說讀者的義務，就是在喝完咖啡烏龍茶果汁或啤酒之後，一定要拿出奇異筆，留下類似小說修辭的短句才算盡責的收尾。作為聯繫空罐回收者的心意傳遞也好，或那些現實生活說不出口的抱歉和不原諒也無所謂，總之，罐裝飲料除了療癒跟打氣或止渴之外，吉田修一還給了寂寞的他種命格，我開始思考，此刻放在鍵盤旁邊，喝完的BOSS咖啡空罐，寫些什麼好呢？

一個人的粗茶淡飯2

偏執食堂

作　　者　米果
插　　圖　Fanyu
裝幀設計　呂瑋嘉
行銷業務　張瓊瑜、陳雅雯、王綬晨、邱紹溢、蔡瑋玲、余一霞、王涵、郭其彬
主　　編　王辰元
企畫主編　賀郁文
總 編 輯　趙啟麟
發 行 人　蘇拾平

出　　版　啟動文化
台北市105松山區復興北路333號11樓之4
電話：（02）2718-2001　傳真：（02）2718-1258
Email：onbooks@andbooks.com.tw

發　　行　大雁文化事業股份有限公司
台北市105松山區復興北路333號11樓之4
24小時傳真服務（02）2718-1258
Email：andbooks@andbooks.com.tw
劃撥帳號：19983379　戶名：大雁文化事業股份有限公司

初版1刷　2017年4月
初版5刷　2023年1月
定　　價　300元
I S B N　978-986-94631-0-2

歡迎光臨大雁出版基地官網
www.andbooks.com.tw
訂閱電子報

國家圖書館出版品預行編目 (CIP) 資料

一個人的粗茶淡飯 2：偏執食堂 / 米果著 . -- 初版 . -- 臺北市 : 啟動文化出版 : 大雁文化發行 , 2017.04
面 ;　公分
ISBN 978-986-94631-0-2 (平裝)
1. 飲食 2 食譜 3. 文集

427.07　　106004521